"十四五" 中等职业教育部委级规划教材

服装工艺师岗位实训

张德强 李 军 张 蕾 张允浩 编著

中国纺织出版社有限公司

内 容 提 要

本书是"十四五"中等职业教育部委级规划教材。全书共分为九个项目，课程内容包括：认识服装缝纫设备、服装缝制基础工艺、服装部件缝制工艺、袖套缝制工艺、围裙缝制工艺、半身裙缝制工艺、女式休闲裤缝制工艺、男式衬衫缝制工艺、连衣裙缝制工艺。

本书根据中职学生的特点和培养方向编写，书中所有实训项目均来自服装企业实际生产任务，每个项目的缝制方法、步骤和技巧都按照服装企业生产流程进行讲解并加以细化。全书图文并茂，通俗易懂，可以使学生掌握各类服装工艺的缝制方法和技巧，最大限度缩短学生与企业之间的距离，为现代服装企业培养高素质、高技能的"工匠型"技术人才。

本书适用于中职院校服装专业教学，也可供服装从业人员参考学习。

图书在版编目（CIP）数据

服装工艺师岗位实训／张德强等编著. --北京：中国纺织出版社有限公司，2025.1. --（"十四五"中等职业教育部委级规划教材）. --ISBN 978-7-5229 -2016-0

Ⅰ. TS941.6

中国国家版本馆 CIP 数据核字第 20245PM909 号

责任编辑：宗 静 张艺伟　责任校对：高 涵
责任印制：王艳丽

中国纺织出版社有限公司出版发行
地址：北京市朝阳区百子湾东里 A407 号楼　邮政编码：100124
销售电话：010—67004422　传真：010—87155801
http://www.c-textilep.com
中国纺织出版社天猫旗舰店
官方微博 http://weibo.com/2119887771
北京通天印刷有限责任公司印刷　各地新华书店经销
2025 年 1 月第 1 版第 1 次印刷
开本：787×1092　1/16　印张：10
字数：190 千字　定价：59.80 元

　　新时代职业教育务必要贯彻落实国务院印发的《国家职业教育改革实施方案》，深化产教融合、校企合作，实施"三教"改革，推进职业教育高质量发展，提升现代化、创新化、数字化的复合型技术技能人才的培养质量。本书以教材改革为切入点，对标服装企业样衣制作岗位的技术技能要求，实施以任务驱动的项目化教学，增强学生的岗位职业技能，培养实战型的匹配成衣企业样衣制作岗位的技术人才，这也是本书编纂的出发点和落脚点。

　　随着我国成衣加工业走向成熟以及成衣产业逐步升级，规模庞大且数量众多的成衣加工企业竞争日益激烈，同时，随着人们生活水平的逐渐提高，人们对品牌的认知度和接受度越来越高，满足了对服装基本功能的需求之后，对服装的工艺及审美提出了越来越高的要求。因此，"以质量求效益"的理念越来越被成衣品牌企业重视，成了成衣品牌企业发展的源动力。而随着劳动力成本的增加，培养规范熟练的服装制作技术人才成为服装企业走向大工业生产的必然之需，也是满足人们追求服装功能和审美情趣的必然之需。

　　本书在编写过程中，参考了目前服装企业应用最广泛的设备及工艺，以此为基础，结合新功能、新特点融合在相应章节的实训项目中，使学生从掌握基本的设备操作、设备维护和缝制工艺入手。全书按照缝制工艺的应用种类和知识技能学习的渐进性，分为理论基础课程与应用实践课程内容，共九个项目。在章节和内容的安排上，本书试图打破"重理论、轻实践"的传统教材模式，将理论课程和实践课程有机地结合起来，注重知识点的系统性、完整性，在理论和技能的学习上循序渐进。在实训项目的设计上，强调任务驱动的教学理念，通过项目的完成，让学生在实践中掌握工艺操作的知识点，熟练掌握各种不同的工艺技能。

　　本书在编写过程中充分考虑了中等职业学校学生的学习特点和今后的就业需求，教材中设计的工艺实训项目均以服装企业常见服装款式为主，在每个章节的开头通过课前学习任务书进行简要介绍，将涉及的知识要点和操作技能按顺序展开讲解，目的是使学生在实践中不但要"知其然"，而且要尽可能地"知其所以然"，由简及繁，使学生在完成一项具体项目的过程中，充分感受到满足感和成就感，从而使其在学习和实践的过程中逐步熟练掌握有关的缝制技能，增强质量意识，做到举一反三，融会贯通。

　　本书的每个章节都是图片结合文字介绍的形式，首先从对各类服装缝纫设备的功能介绍入手，让初学者了解每一种常用服装缝纫设备的用途。其次从各类手缝针法的操作和机缝工具的介绍展开讲解，包括电脑平缝机的使用与调节、空车练习与车线练习、电脑平缝机常见故障及排查、缝型应用练习、服装整烫设备及熨烫工艺等内容。然后讲解常见服装部件缝制工艺，以具体的实训项目实施直观的讲解，结合实践操作练习，层层递进，让初学者掌握扎实的缝制工艺。最后，以具体的常见款式为拓展任务实施教学，从款式认知、号型规格、用料计算、清点裁片数量、铺料裁剪、缝制步骤等展开，都以图片为主并结合文字说明，直观地呈现每一个操作步骤要点，由简入繁，使学生能够快速上手，对标服装企业成衣的工艺质量检验标准，更好地提高学生严谨的成品质量意识，有利于他们进入企业岗位后能够更好地适应企业岗位的严格要求，满足企业对实战型高素质技术技能人才的需求。

  本书由张德强、李军、张蕾和张允浩编著，李军负责统稿，刘善巨、丁谊、吴倩、欧仲立参加本书编写。由于时间仓促，作者学识有限，本书难免存在不足之处，恳请广大读者批评、指正。

编著者

2023 年 11 月

教学内容及课时安排

项目	课程性质/课时	任务	课程内容
项目一	理论基础课程/4	·	认识服装缝纫设备
		一	常用服装缝纫设备
		二	特种服装缝纫设备
		三	智能服装缝纫设备
		四	服装缝纫设备实训
项目二	应用实践课程/42	·	服装缝制基础工艺
		一	手缝工艺基础
		二	常见机缝工具和设备
		三	电脑平缝机的使用与调节
		四	机缝操作练习及故障排查
		五	缝型工艺练习
		六	服装熨烫工艺基础
		七	服装缝制基础工艺实训
项目三	应用实践课程/42	·	服装部件缝制工艺
		一	贴袋缝制工艺
		二	双嵌线挖袋缝制工艺
		三	斜插袋缝制工艺
		四	门襟缝制工艺
		五	拉链缝制工艺
		六	开衩缝制工艺
		七	衣领缝制工艺
		八	服装部件缝制工艺实训
项目四	应用实践课程/4	·	袖套缝制工艺
		一	袖套裁片处理
		二	袖套缝制步骤
		三	袖套缝制工艺实训
项目五	应用实践课程/8	·	围裙缝制工艺
		一	围裙裁片处理
		二	围裙缝制步骤
		三	围裙工艺质量标准
		四	围裙缝制工艺实训

项目	课程性质/课时	任务	课程内容
项目六	应用实践课程/20	·	半身裙缝制工艺
		一	半身裙裁片处理
		二	半身裙缝制步骤
		三	半身裙熨烫工艺
		四	半身裙工艺质量标准
		五	半身裙缝制工艺实训
项目七	应用实践课程/40	·	女式休闲裤缝制工艺
		一	女式休闲裤裁片处理
		二	女式休闲裤缝制步骤
		三	女式休闲裤熨烫工艺
		四	女式休闲裤工艺质量标准
		五	女式休闲裤缝制工艺实训
项目八	应用实践课程/40	·	男式衬衫缝制工艺
		一	男式衬衫裁片处理
		二	男式衬衫缝制步骤
		三	男式衬衫熨烫工艺
		四	男式衬衫工艺质量标准
		五	男式衬衫缝制工艺实训
项目九	应用实践课程/40	·	连衣裙缝制工艺
		一	连衣裙裁片处理
		二	连衣裙缝制步骤
		三	连衣裙熨烫工艺
		四	连衣裙工艺质量标准
		五	连衣裙缝制工艺实训

注 各院校可根据自身的教学特色和教学计划对课程时数进行调整。

项目一

认识服装缝纫设备

课题名称：认识服装缝纫设备

课题内容：1. 常用服装缝纫设备

2. 特种服装缝纫设备

3. 智能服装缝纫设备

4. 服装缝纫设备实训

课题时间：4 课时

教学目的：讲授常用缝纫设备的工作原理和基本操作，让学生能够熟悉常用服装缝纫设备，并了解每一种常用服装缝纫设备的用途，包括熟悉常用缝纫机最常接触部位，如机器控制部位、机针部位等。能够正常使用特种服装缝纫设备，认识和了解智能服装缝纫设备的使用范围。

教学方式：信息化教学，课堂实践授课。

教学要求：要求学生学习常用缝纫设备的简单故障处理和设备维护，了解特种缝纫设备和智能缝纫设备的工作原理，学会常用缝纫设备的穿线。

课前准备：学生课前预习本章节，提前了解服装缝纫设备的种类和用途，以及服装缝纫设备的工作原理和基本操作，教师准备课堂上实际操作所需要的缝纫设备，让学生学会常用缝纫设备的使用方法。

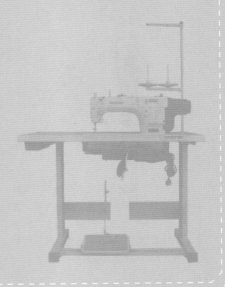

课前学习任务书

请根据表 1-1 中的缝纫设备图片，分析该设备部件构造，并在表中填写设备名称、设备功能和设备用途。

表 1-1　课前学习任务

缝纫设备图片	设备名称	设备功能	设备用途
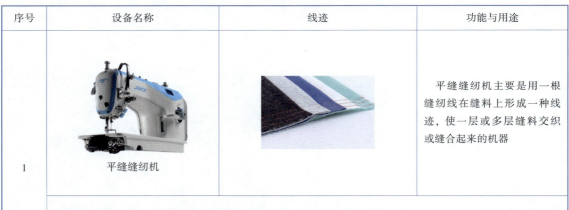			

任务一

常用服装缝纫设备

常用服装缝纫设备见表 1-2。

表 1-2　常用服装缝纫设备

序号	设备名称	线迹	功能与用途
1	平缝缝纫机		平缝缝纫机主要是用一根缝纫线在缝料上形成一种线迹，使一层或多层缝料交织或缝合起来的机器
	用途：平缝缝纫机通常分为加工薄料和加工厚料两种用途，能缝制棉、麻、丝、毛、人造纤维等织物和皮革、塑料、纸张等制品，薄料加工一般用于针织服装、内衣、衬衫、制服等，厚料加工一般用于运动服、牛仔服、时装、大衣、鞋帽、皮衣、箱包等。平缝机在缝纫设备中是最基本的种类，在缝制中形成最简单的线迹，缝制出的线迹整齐美观、线迹均匀、平整牢固，缝纫速度快、操作简便，使用方法简单易懂，最高缝纫速度是 4000~5000r/min		

续表

序号	设备名称	线迹	功能与用途
2	双针缝纫机		双针缝纫机主要是用两根缝纫线在缝料上形成两条平行线迹的机器
	用途：双针缝纫机又称双针车，主要用于加工各类服饰面料，分为加工厚料和加工薄料两种，是服装行业必不可少的机器，其特点是大大增加了工作效率，并且线迹均匀、结实美观		
3	包缝机		包缝机也称打边机、码边机、锁骨车，主要功能是防止服装的缝头起毛边，线迹主要分为三线、四线、五线等
	用途： （1）单线包缝机为单针一线线迹，主要用来缝制毯子边； （2）双线包缝机为单针双线线迹，主要用来缝制弹性大的服装部位，如弹力衫的底边； （3）三线包缝机为单针三线线迹，是普通针织服装常用线迹，特别常用于一些低端服装的服装衣片的缝合； （4）四线包缝机为双针四线线迹，比三线包缝机增加了一根缝纫线，强力有所提高，用于较高端服装的衣片缝合或受拉伸较多、摩擦较剧烈的服装部位，如合肩、合袖等，特别是用于外衣的缝制； （5）五线包缝机为双针五线线迹，其线迹的牢度和服装的生产效率进一步提高，线迹弹性较四线包缝机好，常用于外衣和补整内衣的缝制		

任务二

特种服装缝纫设备

特种服装缝纫设备见表 1-3。

表 1-3　特种服装缝纫设备

序号	设备名称	线迹	功能与用途
1	绷缝缝纫机		绷缝缝纫机也叫作冚车，适用于绳边车缝、包缝后再绷缝、缀花边的缝制工序以及摺边工序，常用于弹性面料的缝制
	用途：绷缝缝纫机主要用于制作绳边车缝，通过将裁片的毛边包裹在车缝带上，实现对裁片整齐的缝合		
2	套结机		套结机主要用于加固服装受力部位和圆头纽扣孔缝尾加固及缝锁伞顶圆，套结机一般适合于针织服装、毛衫、西服、牛仔服等服装生产厂家使用
	用途：套结机通常是用来加固线迹的，在生产过程中装钉好纽扣后，需要人工用缝纫线在纽扣脖后缠绕数道，以便增加纽扣的牢固度，套结机可以自动操作此道工序		
3	平头锁眼机		锁眼机主要用于加工各类服饰中的纽孔，分为平头锁眼机（直眼机）和圆头锁眼机（凤眼车），又分收尾和不收尾两种，是服装机械中非常重要的一种专用设备
	用途：锁眼机主要用于加工各类服饰中的纽孔，平头锁眼机适用于衬衣和休闲裤，其针数是由 54~345# 一组齿轮交换装置来实现的		

序号	设备名称	线迹	功能与用途
4	多针机		多针机加上辅助装置后可实现打褶、打揽、橡筋抽皱等功能
	用途：多针机主要用于普通运动裤、便裤上的松紧带或抽皱装饰缝用。主要机型有：50针系列，可做服装的普通链式平缝、普通平皱（无弹力效果）、底线为橡筋线抽皱（双链抽皱）、面线为橡筋线而无底线的抽皱（单链抽皱）、单双链普通梭织打揽、单双链打揽带抽皱；250针系列，适合绝大多数服装的打褶、贴边打褶等装饰缝用；25针打揽打褶（打条）系列，有多种双链线迹打条效果可供选择		
5	钉扣机		钉扣机是专用的服装自动缝纫机机型，完成有规矩形状纽扣的缝钉和有"钉、滴"缝纫工艺的作业
	用途：钉扣机是专用的自动缝纫机机型，完成有规则形状纽扣的缝钉和有"钉、滴"缝纫工艺的作业，如钉商标、标签、帽盖等。最常用的是圆盘形二孔或四孔（又称平扣）纽扣的缝钉		
6	机电一体曲腕机		机电一体曲腕机有悬臂筒型缝台，操作舒适方便。PL拖轮装置为内置式直驱拖轮，结构简单；PS拖轮装置为外置拖轮，通过同步带、变速箱来传动，拖布量调节方式范围大，调节方式也方便
	用途：机电一体曲腕机广泛适用于牛仔服、衬衫、雨衣等服饰品的缝制。调节按钮即可灵活地改变机器的针距，满足多种缝制需求		

序号	设备名称	线迹	功能与用途
7	自动上领机		集精密机械与电子技术于一身，性能稳定。零件采用耐磨设计，更耐磨，更持久，降低维修率，降低成本。缝速高达8000转/分，提高生产效率。简单的调节张力以便缝出良好的缝样，节省保养时间
	用途：适用于服装T恤衫、内衣、床上用品及薄形包装和皮革制品等各种面料的包缝作业		
8	电脑曲折缝人字车		电脑曲折缝人字车的主要功能包括自动调整线迹长度和宽度，以及缝制多种花纹。电脑曲折缝人字车通过电脑控制系统实现自动调整线迹长度和宽度，相比传统的机械式曲折缝纫机，它能够更精确地控制缝纫效果。此外，电脑曲折缝人字车还能缝制多种花纹，大大提高了缝纫的多样性和灵活性
	用途：可以完成多种花纹的缝纫，包括曲折线迹、人字花样等，而传统的机械式曲折缝纫机通常只能完成一种花纹。可以适应更多不同类型的布料，提高了缝纫的适用性和灵活性。还具有内置的刺绣设计功能，能够进行更复杂的图案设计和缝制		
9	电脑圆头锁眼机		电脑圆头锁眼机是一种专用于缝锁中厚料服装纽孔的工业缝纫机，其主要功能包括提高图案的精确性、快速缝纫、智能激光扣眼定位、多种剪线装置、节能环保等
	用途：适用于各种中厚料服装的纽孔缝制，广泛应用于男式西服、西裤、女式外套等服饰的生产中。缝速可以达到2500针/分，运行时间减少13%，有效提高生产效率，同时减少生产成本。包括面线自动剪线、底线长线剪切、底线短线剪切等		

任务三

智能服装缝纫设备

智能服装缝纫设备见表1-4。

表1-4 智能服装缝纫设备

序号	设备名称	线迹	功能与用途
1	 电脑花样机		电脑花样机又可称为针车，适用于箱包、制鞋、制衣行业的机械设备
	用途：针车广泛适用于各种手袋、服装、纺织面料、皮具、箱包、鞋，以及运动体育器材等缝制图案		
2	 全自动开袋机		全自动开袋机可以缝制多种口袋样式，如单牵条、双牵条、带袋盖、不带袋盖服装缝制
	用途：全自动开袋机除了可以全自动开口袋，还有自动收衣架，使工作效率有保障，叠衣更轻松。抽屉式细长角刀拉出即可调节，保证面料不损伤，切割更精准，可以制作各种口袋		
3	 全自动门襟机		全自动门襟机可缝制多种领口样式，男女士明门襟、暗门襟均可制作
	用途：多种领口样式，功能设置简单快捷		
4	 模板机		模板机可缝制服装中的任意高难度图形，使流水线操作更顺畅。智能车缝大大减低了生产成本
	用途：模板机结合了服装样板技术与生产工艺技术，利用现代化服装CAD与切割设备等先进技术，根据不同的生产工序和工艺完成了专业化生产模板、复杂工序简易化以及标准化作业		

续表

序号	设备名称	线迹	功能与用途
5	 全自动贴袋机		全自动贴袋机由自动折叠系统、自动取送料系统、自动车缝系统和自动收料系统四大系统组成，实现了全过程自动化。精准定位和多功能性也是全自动贴袋机的显著优势
	用途：全自动贴袋机能够缝制各种形状的口袋，包括圆形、方形、曲线形和不对称形状的口袋，适用于牛仔裤、休闲裤、军装和工作服等。它采用冷折贴袋技术，集折袋、送袋、缝袋和收料于一体。通过触摸屏一键式控制操作，实现高效的生产		
6	智能切割机		智能服装切割机是一种集成了现代科技和自动化技术的设备，主要用于服装面料的精确裁剪。它通过计算机辅助设计和数控技术，实现高效、精确的裁剪作业，通过激光或机械刀片进行高精度的裁剪，确保裁片的尺寸和形状准确无误。采用自动化和智能化技术，大幅提高生产速度，减少人工操作，降低劳动强度。备自我诊断功能，能够在出现问题时及时提示，便于快速维修和保养
	用途：根据面料尺寸和图案要求自动进行排版，最大化利用面料，减少浪费，支持多种面料，如布料、毛料、皮革等，适用于不同的服装制作需求		

任务四

服装缝纫设备实训

根据所学知识填写表1-5。

表1-5　服装缝纫设备实训习题表

序号	设备	设备名称	设备用途
1			

续表

序号	设备	设备名称	设备用途
2			
3			
4			
5			
6			
7			
8			

序号	设备	设备名称	设备用途
9			
10	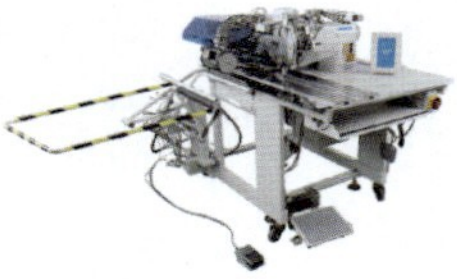		

课题名称：服装缝制基础工艺

课题内容：1. 手缝工艺基础

2. 常见机缝工具和设备

3. 电脑平缝机的使用与调节

4. 机缝操作练习及故障排查

5. 缝型工艺练习

6. 服装熨烫工艺基础

7. 服装缝制基础工艺实训

课题时间：42 课时

教学目的：让学生能够熟悉手缝针针法、电脑平缝机结构部件及应用原理，掌握电脑平缝机的安全操作及注意事项，通过对服装缝制操作及工艺要点的详细介绍和讲解，以及进行车缝练习等基础工艺的技能提升，为服装部件及成衣制作打下坚实的基础。

教学方式：信息化教学，理实一体化。

教学要求：教师理论教学 16 课时，要求学生掌握手缝针法、电脑平缝机的安全操作及注意事项，能够熟练掌握车缝工艺技巧，以及缝型的分类及应用。

课前准备：学生收集常见手缝工艺品实物，教师准备手缝工艺品实物、课上学习视频和资料等。

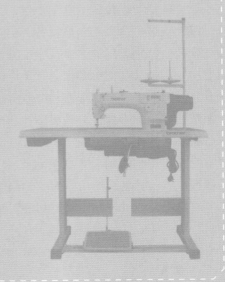

任务一

手缝工艺基础

课前学习任务书

请根据表 2-1 所示的图片收集一件手缝工艺品，分析该工艺品的手缝针法，并在表中填写其手缝针法，绘制缝型类型。

表 2-1　课前学习任务

手缝工艺品图片	工艺品的手缝针法	缝型类型

手针缝纫是我国传统的缝制手段，原始社会的人们采用骨针缝合兽皮来制作服装。现代的人们缝制服装虽已采用缝纫设备，但在缝制服装的过程中，有些特殊工艺不可能完全由缝纫设备代替，特别是用许多体现手工技艺的呢毛料和丝绸面料等面料制作的高品质、高技艺的服装，它们的某些部位必须通过手针缝纫制作。因此，掌握手缝针法既是学好服装缝制工艺的基础，又能进一步处理服装缝制过程中的某些特殊工艺。

服装业常用的手缝针分为粗条针和细条针两种，粗条针的针眼大，便于缝纫粗线；细条针的针眼小，便于缝纫细线。所以，缝制厚衣料时用粗条针，缝制薄衣料时用细条针，这样做既省力又不损伤衣料。手缝针的型号一般为 1~12 号，针的号型越小，针就越粗、越长；针的号型越大，针就越细、越短。缝制服装时一般常用 3~7 号针。缝制呢绒类服装、牛仔类服装等厚料服装或进行锁眼、钉扣等工艺时，可选用 3、4 号针。缝制丝绸、平纹细布等薄料服装时，可选用 6、7 号针。

一、手针介绍

手针由针杆、针孔、针尖组成（图 2-1）。

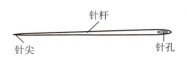

图2-1　手针的构造

二、常用手缝针法

（一）平缝

平缝是手针工艺中的基本针法，通常称为"绗缝" "平针缝"，是学习各种手缝针法的基础。学生练习手针工艺要从"拱布头"开始，布头最好选用中厚型的棉布，用两手的无名指和中指夹住布边，拇指和食指推动布料向前进，右手中指戴顶针，每个手指协调动作，以0.3cm的针距一直向前拱进。学生需要不厌其烦地练习一段时间，直到熟练掌握这一基本针法为止（图2-2～图2-5）。

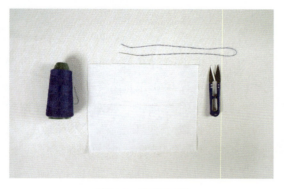

图2-2　平缝工具

图2-3　平缝手势

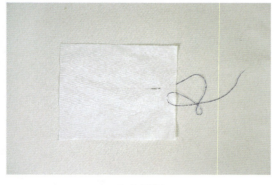

（a）步骤1

（b）步骤2

图2-4　平缝步骤

（二）绷缝

绷缝又称扎缝。绷缝是指将两层或两层以上的裁片临时固定，使裁片在下一道工序中缝合时不移动，是一种为正式缝制做准备的针法。常见绷缝针法有打线丁和环形绷缝。

1.打线丁

打线丁即在衣片上标记缝纫记号。通过打线丁可以把表层衣片所划的粉印一丝不落地反

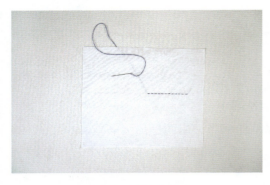

图 2-5　平缝完成图

图 2-6　绷缝工具

映到底层衣片，并以此作为缝制过程中各部位线迹的标准依据，以确保服装对称部位的结构准确。由于一些服装面料不能作粉印记号，于是就用线丁在缝合处和标记位置作记号。有些初学缝纫者为了缝合准确而在衣片的缝合处沿着成线打线丁，还有制作高档服装如定制西装时，为了使缝纫精确，通常在需要缝合的位置以及对位处打线丁作标记。打线丁一般采用纯棉双线较好，因棉线表面有绒毛，不光滑，所以剪断后不容易脱落。

操作方法：先用绷缝针法将两层面料平缝后，将正面缝线从中间剪断，再将两层面料之间拉开 0.3cm 左右的缝隙，剪刀伸入其间将棉线剪断。注意线头不要留得过长，过长既不便于缝纫，又容易脱散，弧线或转角处针距要变小，但须留有余线，如领口处的缝线（图 2-6、图 2-7）。

（a）将两层面料平缝

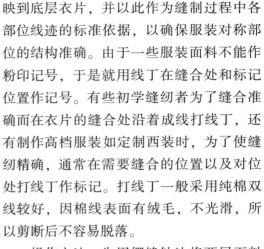

（b）将缝线从中间剪断

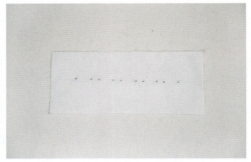

（c）从两层面料中间将缝线剪断

图 2-7　打线丁步骤

2. 环形绷缝

环形绷缝即在服装上固定折线时所使用的一种绷缝针法。因为缝线与布料成环绕状，故引线时应注意不要将缝线拉得太紧。这种针法常用于衣领翻折线和驳口线的固定（图2-8~图2-10）。

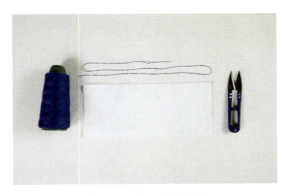

图2-8　环形绷缝工具

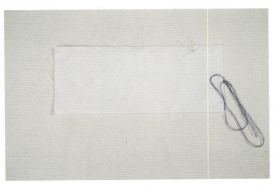

（a）步骤1

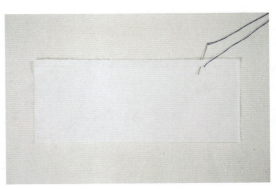

（b）步骤2

图2-9　环形绷缝步骤

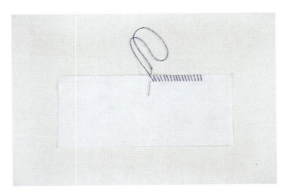

图2-10　环形绷缝完成图

（三）缲缝（缭缝）

缲缝即缭缝，是将衣片折叠部分缝合在一起，而服装正面不露线迹的一种针法，可分为明缲、暗缲、铲缲（图 2-11~图 2-13）。

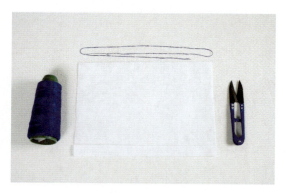

图 2-11　缲缝工具

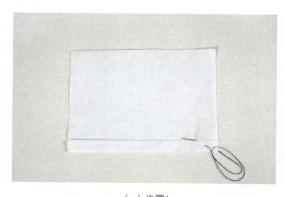

（a）步骤1

（b）步骤2

（c）步骤3

图 2-12　明缲缝步骤

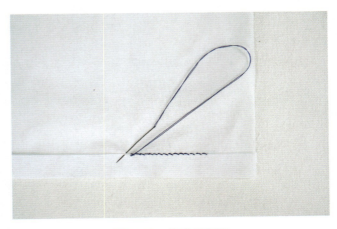

图 2-13　缲缝完成图

（四）三角针缝

三角针缝俗称"搭黄瓜架"，是用于毛料等服装折边处使其不脱丝的一种固位针法，如褶裥裙的贴边、西装裤脚口的折边、西装手工装领及固定衬布等。同时采用三角针缝缝制折边能使面料表面不露线迹。三角针缝是由左向右倒退操作的一种针法，其运针方向与缲缝运针的方向相反，即由左向右运针。

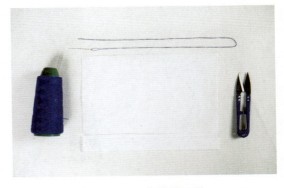

图 2-14　三角针缝工具

操作方法：先将折边用绷缝针法固定，然后从折边的左侧起针，在衣片上从右往左作回针动作，连续穿缝便形成三角针。需要注意的是，每一线迹的针距要一致（图 2-14~图 2-16）。

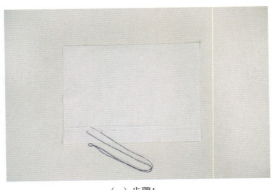

（a）步骤1

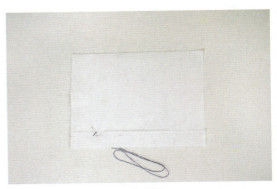

（b）步骤2

图 2-15　三角针缝步骤

图 2-16　三角针缝完成图

（五）回针缝

回针缝又称倒勾针、回针，是手工仿机器平缝的针法，主要用于加固服装某一部位使其不裂开和不变形，如西裤的裆缝和上衣的领口、袖窿等弧线位置。回针缝又分长回针缝和短回针缝，一般厚料用长回针缝，薄料用短回针缝。

操作方法：长回针缝每一针都全数回针，短回针缝隔半针作回针（图 2-17~图 2-19）。

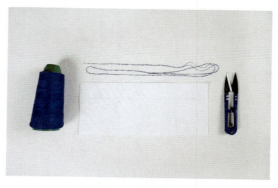

图 2-17　回针缝工具

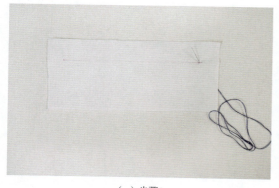

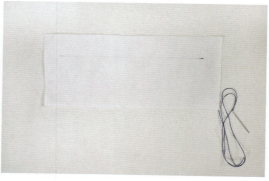

（a）步骤1　　　　　　　　　　　　　　　　　　（b）步骤2

图 2-18　回针缝步骤

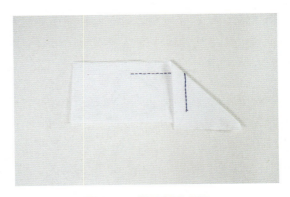

图 2-19　回针缝完成图

(六) 锁扣眼

锁扣眼是手针工艺中难度较大的一种针法。扣眼锁得好，不仅使纽扣美观耐用，还可以提高服装的附加值。因此，掌握正确的锁扣眼方法是很有必要的。扣眼在外观上分平头和圆头两种：较薄面料的服装，如衬衫、内衣和普通外衣，采用平头扣眼；呢毛料及其他较厚面料的服装则采用圆头扣眼。扣眼的位置和长度一般应根据服装款式的需要和纽扣的大小而定。传统男服的扣眼锁在左衣片，女服的扣眼锁在右衣片，时装款式的扣眼位置则不受限制。锁扣眼时用线的粗细、颜色、质地和性能应配合衣料进行正确选择，质地较薄的衣料用单股缝纫线锁扣眼，质地较厚的衣料锁扣眼时可以用 4 股缝纫线。将丝线拧成细线绳，可以使锁出来的扣眼更加美观、结实。

1. 锁平头扣眼步骤（图 2-20～图 2-25）

（1）画扣眼：确定扣眼的大小为纽扣的直径加上纽扣的厚度。

（2）剪扣眼：将衣片对折，对折处的上、下画线并对准，沿对折处剪开 0.6cm 左右，再将衣片摊平，沿画线分头剪至两端。

（3）锁针：左手拇指和食指捏牢扣眼左端，并将扣眼略微撑开，在眼角处由内向外、从左到右开始锁针。每次都要将针尾的线绕过针的左下方后再把针抽出。抽针后朝向右上方拉紧缝线，使线迹和线结在扣眼位上整齐排列，针距约为 0.12cm。

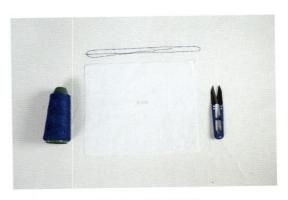

图 2-20　锁扣眼工具

（4）收尾：锁到扣眼尾端时，把针穿过左边第一针锁线圈并从右边穿出，使尾端锁线得到固定，再在尾端缝两道封线。然后从扣眼中间空隙穿出，接着缝两针固定封线。最后在布料的反面打线结，并将线结抽入夹层内。

图 2-21　画扣眼

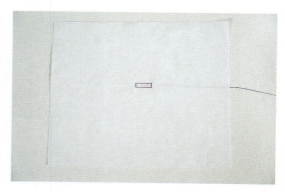

图 2-22　剪扣眼

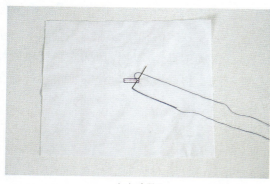

（a）步骤1

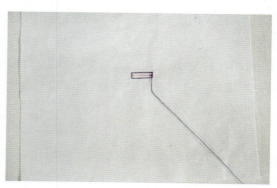

（b）步骤2

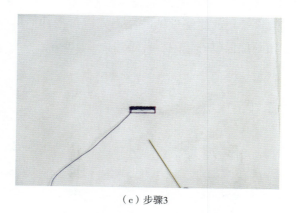

（c）步骤3

图 2-23　锁针步骤

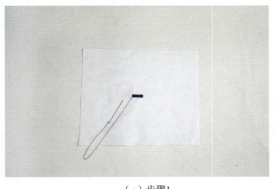

（a）步骤1

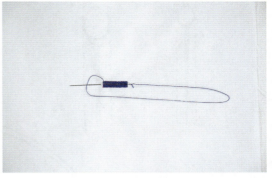

（b）步骤2

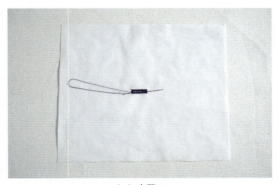

（c）步骤3

图 2-24　收尾步骤

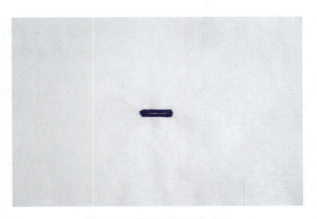

图 2-25　锁平头扣眼完成图

2. 锁圆头扣眼步骤（图 2-26）

　　在扣眼前端剪一个直径为 0.2cm 左右的小圆孔，然后在扣眼两侧相距 0.2cm 处打一圈衬线，衬线起止线头放在夹层内。衬线松紧要求适度，太松或太紧都会影响扣眼的外观。锁眼方法与锁平头扣眼相同，但要注意圆头处锁针的圆顺。

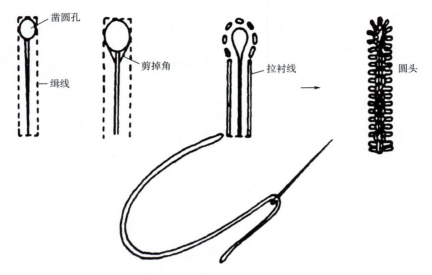

图 2-26　锁圆头扣眼步骤图

（七）钉纽扣

纽扣的种类繁多、造型各异，按照功能可分为有脚纽扣和无脚纽扣，按孔眼分类有无孔纽扣、一孔纽扣、二孔纽扣和四孔纽扣。无孔纽扣要与扣眼的形状相吻合，有孔纽扣不与扣眼接触，钉扣时要拉紧、钉牢。钉四孔纽扣的针法有二字形、十字形等。

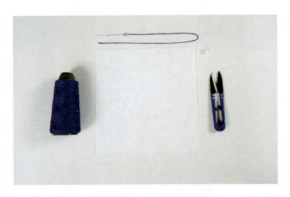

图 2-27　钉纽扣工具

操作方法：通常从衣片正面起针，根据面料的厚薄确定纽脚的高度，用缝线缠绕纽脚，最后将缝线打结套拉紧，穿过面料里侧，将打好的线结穿入面料之间（图 2-27~图 2-30）。

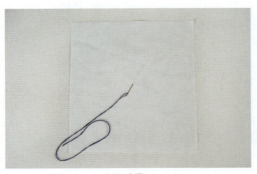

（a）步骤1

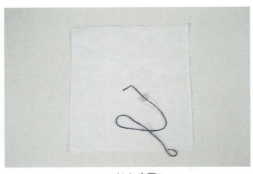

（b）步骤2

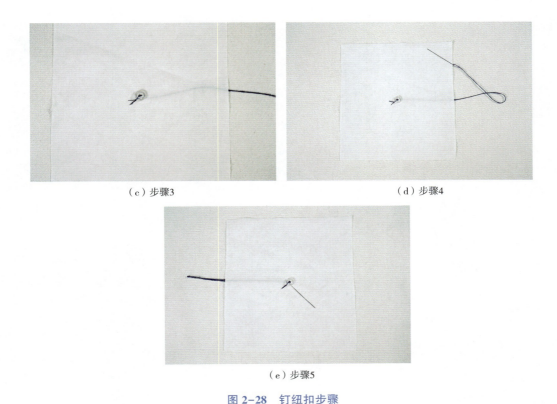

（c）步骤3　　　　　　　　　　　　　　　　（d）步骤4

（e）步骤5

图 2-28　钉纽扣步骤

图 2-29　缝线打结套拉紧

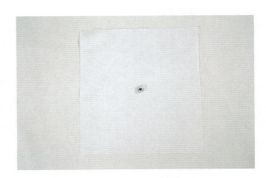

图 2-30　钉纽扣完成图

（八）剪切边

剪切边也称锁边链，这种针法一般用来缝制织物的毛边，以防织物的毛边散开。用一些容易脱纱的布料制作服装时，裁剪后由于没有必要进行锁边处理，或因锁边会增加布边厚度，以及整烫时影响外观效果等原因，而采取手工环针缝，以防布料的剪切边脱纱。

1. 环针缝

操作方法：沿距离剪切边 0.6cm 宽度的位置，以 0.3~0.5cm 针距进行环绕针缝。进行环针缝时，要注意针迹与剪切边的纱线毛出方向一致（图 2-31~图 2-33）。

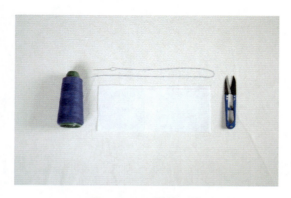

图 2-31　环针缝工具

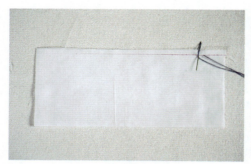

（a）步骤1

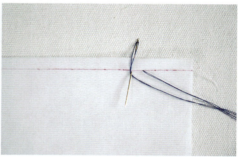

（b）步骤2

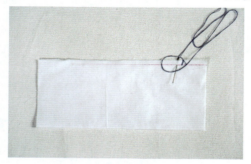

（c）步骤3

图 2-32　环针缝步骤

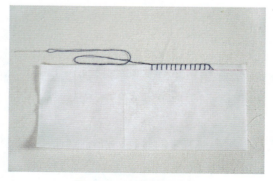

图 2-33　环针缝完成图

2. 三角形环针缝操作步骤（图 2-34～图 2-36）

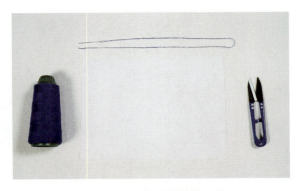

图 2-34　三角形环针缝工具

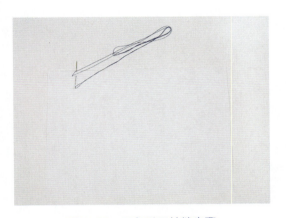

图 2-35　三角形环针缝步骤

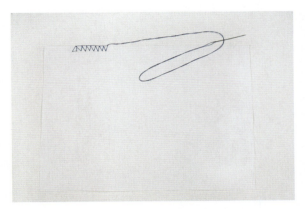

图 2-36　三角形环针缝完成图

（九）八字针缝

八字针是手缝工艺中常用的纳针针法，主要用于垫肩、西装驳头和大衣领头，使其呈现一种自然翻转的造型。进针方向与行针方向基本呈垂直状态，以两行并列的方式组成"八"字形，多用于装饰花边，要求针法排列整齐、美观。

操作方法：衣片正面朝上放置，左手提起衣片，左手中指顶住落针处，拇指将驳头衬向里推送，右手持针纳驳头，使衣片翻折的反面呈点状针花，但不能有线迹。最终呈现出的针迹横直相对，呈"八"字形，针距为 0.8cm，"八"字头部的间距为 0.5cm（图 2-37～图 2-39）。

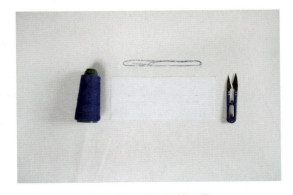

图 2-37　八字针缝工具

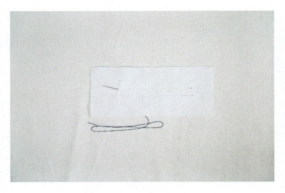

图 2-38　八字针缝步骤

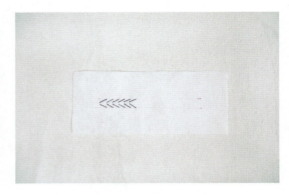

图 2-39　八字针缝完成图

（十）缩缝

缩缝的操作方法即用平缝针法缝完一圈后拉紧（图 2-40~图 2-42）。

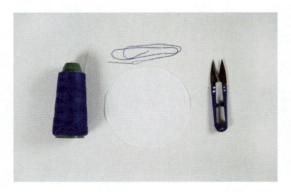

图 2-40　缩缝工具

图 2-41　缩缝针法步骤

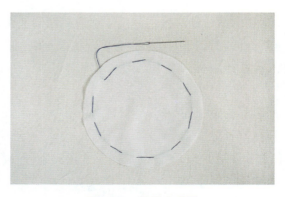

图 2-42　缩缝完成图

（十一）绕针缝

绕针缝又称缠针、节子针。操作方法：挑针后将线在针杆上缠绕数圈，之后拔针抽线，然后打线结。此种针法可制作出各种花型、图案（图 2-43~图 2-45）。

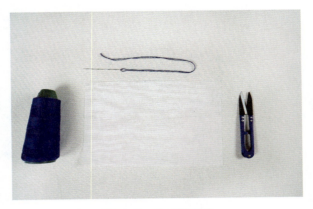

图 2-43　绕针缝工具

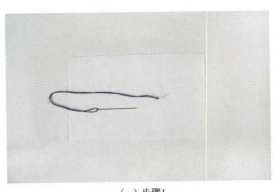

（a）步骤1

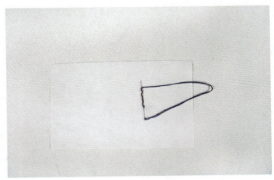

（b）步骤2

图 2-44　绕针缝步骤

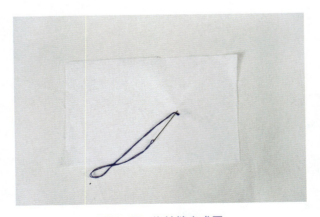

图 2-45　绕针缝完成图

（十二）卷针环缝

以制作眼睛造型为例看卷针环缝的操作方法，如图 2-46~图 2-49 所示。

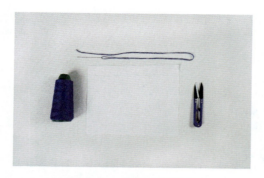

图 2-46　卷针环缝工具

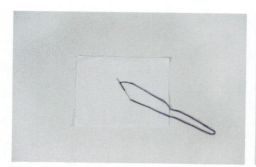

（a）步骤1

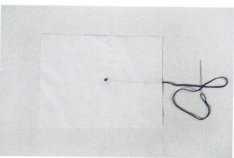

（b）步骤2

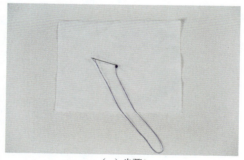

（c）步骤3

图 2-47　卷针环缝步骤

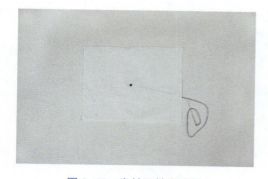

图 2-48　卷针环缝完成图

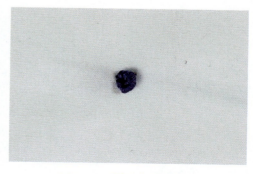

图 2-49　眼睛造型成品图

任务二

常见机缝工具和设备

课前学习任务书

请根据表 2-2 中的图片收集有不同线迹的服装，分析这些服装使用的线迹，并在表中填写其线迹名称，绘制缝型类型。

表 2-2 课前学习任务

服装实物	不同款式服装线迹	线迹名称	缝型类型

机缝也称车缝或缉缝，是指用缝纫机完成服装或服饰品加工的过程，与机缝相关的工具还有梭芯、梭壳、缝纫机针、锥子、拆线器、螺丝刀、剪刀等。本节主要介绍常见机缝工具和设备，旨在教学生学会正确使用机缝工具和设备。

一、常见机缝工具

1. 工业梭芯

工业梭芯也称底线，是服装制作过程中缝纫机的给线装置，其安装在工业梭壳内，是服装生产过程中不可或缺的部件，按材质可分为金属梭芯和铝质梭芯（图 2-50）。

2. 工业梭壳

工业梭壳也称梭套，与工业梭芯配套使用，可调节给线的松紧程度，其安装在针板下梭床内，也是服装生产过程中不可或缺的部件（图 2-51）。

图 2-50　工业梭芯　　　　　　图 2-51　工业梭壳

3. 工业机针

工业机针安装在针柱杆内，其常见规格有：9 号、11 号、14 号、16 号、18 号，号码越小，针身越细；号码越大，针身越粗。选择工业机针的原则：缝料越厚、越硬，机针随之越粗；缝料越薄、越软，机针随之越细（图 2-52）。

4. 拆线器

拆线器主要用于拆线和挑线，其尖头一端有锋利刀刃，可快速拆除缝线而不易损伤面料纱线（图 2-53）。

图 2-52　工业机针　　　　　　图 2-53　拆线器

5. 线剪

线剪主要用于清剪线头和开剪口（图 2-54）。

6. 中大型剪刀

中大型剪刀主要用于剪布和裁剪纸样（图 2-55）。

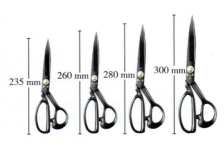

图 2-54　线剪　　　　　　图 2-55　中大型剪刀

二、电脑平缝机

电脑平缝机主要由机头、机座、传动和其他附件组成，常见的电脑平缝机机型有兄弟牌缝纫机、杰克缝纫机、海菱牌缝纫机等。其中机头构件较为复杂，与缝纫故障排查关系密切，了解其构件对初学者来说尤为重要（图2-56）。

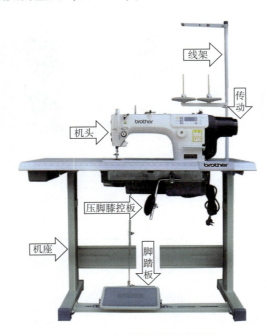

图2-56　电脑平缝机整体构造

电脑平缝机的细节展示如图2-57所示。

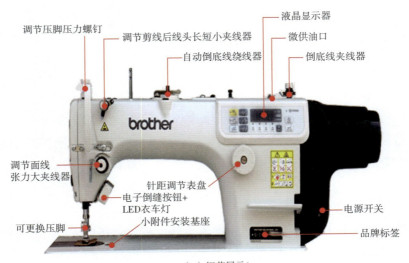

（a）细节展示1

图2-57

| 电子夹线器 | 自助绕线器 | 针距调节表盘 |

| 油量观察 | 可更换压脚
（b）细节展示2 | 缝纫机手轮 |

图 2-57　电脑平缝机细节展示图

任务三

电脑平缝机的使用与调节

在上机操作前必须掌握电脑平缝机的安全操作指引，以免发生安全事故，安全操作指引包括用电安全、使用剪刀安全与高速传动轮、针杆及机针使用的安全等。

一、空车练习安全操作指引

首先，扳动机头后侧的压脚扳手，使压脚抬至最高点，避免与送布牙摩擦产生磨损或产生强烈噪声，之后检查压脚是否有松动迹象，同时将机针拆下，保证机车运转安全。最后开启机头右下角电源开关，使机车处于通电状态。坐姿自然处于舒适状态，将两手平放在机车工作台上，右脚放于脚踏板上，然后空车起步，进行慢速、中速及停机训练，同时完成膝控压脚升降练习（图 2-58）。

空车练习技巧：空车运转时对踏板进行点踩，先进行慢速练习，需要车速放缓或停机时可将脚后跟向后移动点踩踏板，慢慢掌握合适车速的力度和节奏，不断提升车缝技能，达到脚下动作与眼睛的协调配合。

二、空车缉纸练习

进行此项练习前须正确安装机针，避免发生撞针、断针等安全事故（图 2-59）。安装时面向机车，确认机针的长槽向左，针孔处的凹槽向右，将机针上端插入针杆槽内并顶至最高点，不可留有空隙，然后拧紧上方的固定螺钉（图 2-60）。

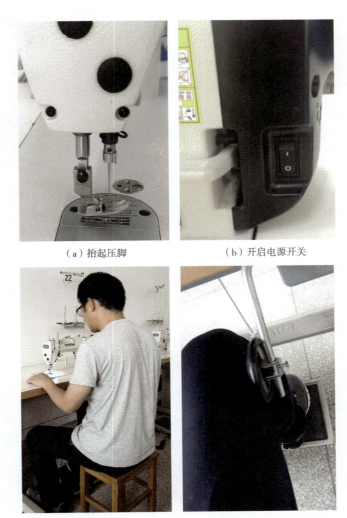

（a）抬起压脚　　　　　　（b）开启电源开关

（c）双手平放于工作台上　　（d）完成膝空压脚升降练习

图 2-58　空车练习安全操作指引

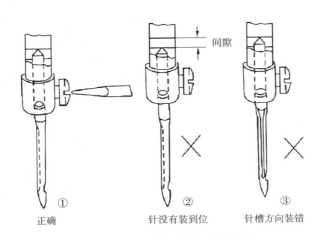

①　　　　　　　②　　　　　　　③

正确　　　　针没有装到位　　　针槽方向装错

图 2-59　机针正确安装示意图

1. 纸上空缉直线练习

通过前期的空车练习，操作者在熟练掌握平缝机操作方法的基础上，便可在纸上进行不穿缝线的车缝练习，做到脚下动作、手上动作与眼睛的协调配合和控制。

纸上空缉直线练习技巧：抬起压脚，将绘制有直线的纸放在压脚下，将针扎进线条起点，放下压脚并踩动踏板，两手配合辅助纸张沿直线方向前进（图2-61）。

图2-60　固定机针

2. 转角车缝练习

在服装缝制过程中有许多工序需要进行转角车缝，控制转角时的车速及线距尤为重要。转角车缝的难点在于控制车速及机针停止位置。

转角车缝练习技巧：即将车缝至转角部位时，放慢车速，或微微转动传动轮使机针刚好穿入转角处，抬起压脚，90°角转动纸张，继续往前车缝。熟练掌握后可加强练习，进行三角形、五角形等几何图形的车缝练习（图2-62）。

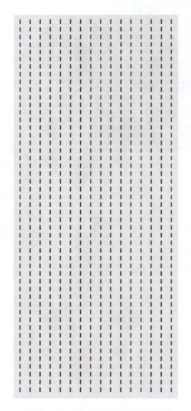

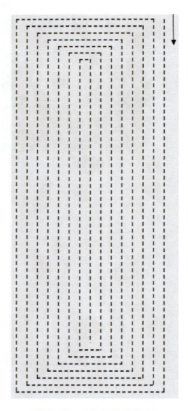

图2-61　纸上空缉直线练习　　　　图2-62　转角车缝练习

三、穿针引线

实线车缝前须正确穿针引线以保障缝制过程能顺畅进行，并且使线迹符合质量要求。

1. 打底线

调节倒底线夹线器，使松紧适宜，将梭芯置于卷线轴上，并将线在梭芯上卷绕几圈后进行固定，用压脚扳手将压脚抬起，打开电源开关，踩踏脚踏板，随即开始卷绕打底线。底线卷绕完成后，梭芯压臂柄将自动弹出。底线卷绕完成后将梭芯拆下，用剪刀将线剪断，即完成打底线工序（图2-63）。

（a）调节倒底线夹线器　　　　　　　　（b）将梭芯置于卷线轴上

（c）卷绕打底线

图2-63　打底线

2. 安装底线

左手捏住梭壳，有缺口的一面朝上，右手捏住梭芯，梭芯上的线要按顺时针方向放置，将梭芯对齐梭壳并放入。底线需要夹入线槽，否则会因为给线不顺畅而产生质量问题。将底线沿梭壳缺口向后滑夹入线槽，然后将底线顺着线槽夹入梭壳线孔（图2-64）。

（a）梭芯放入梭壳　　　　　　　（b）底线夹入线槽　　　　　　（c）将底线夹入梭壳线孔

图 2-64　安装底线

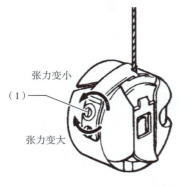

张力变小

（1）

张力变大

图 2-65　调节梭壳松紧

3. 调节梭壳松紧

拉住从梭芯套中露出的线头，转动调节螺钉（1），调节梭壳以自重慢慢垂落，直至梭壳能挂住线不再往下掉为止（图 2-65）。

4. 安装梭壳

关闭电源开关，转动手轮将机针抬起，直至其处于针板最上方，初次安装可将压脚左边的铁板向左移动或将机头抬起，方便看清梭床构造进行对位安装。安装时，左手捏住梭壳插销将其放入梭床，听到"咔嚓"声即安装完成（图 2-66）。

对齐

（a）移动铁板　　　　　　　　　　（b）梭壳对位梭床

图 2-66　安装梭壳

5. 穿面线

穿面线时需要注意穿线的顺序及路径等细节，保证车缝时给线顺畅。

（1）将线团放到缝线托盘上，面线从后向前穿过线团正上方的线架孔，保证给线时不会卡住线团（图 2-67）。

图 2-67 穿面线步骤示意图

（2）面线从后向前穿过线杆上面的孔，然后将线向后绕再次从后向前穿过线杆下面的孔（图 2-68）。

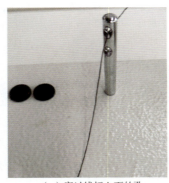

（a）穿过线杆上面的孔　　　　　　（b）穿过线杆下面的孔

图 2-68 面线穿过线杆

（3）将面线穿过小夹线器线孔及夹线板，然后穿过下方线孔，注意必须将线夹入小夹线器（图 2-69）。

（a）面线夹入小夹线器　　　　　　（b）穿过下方线孔

图 2-69 面线穿过小夹线器线孔及夹线板

（4）面线继续向下夹入大夹线器，然后再将线穿过挑线簧（图2-70）。

（a）穿过挑线簧　　　　　　（b）面线夹入大夹线器

图2-70　面线穿过大夹线器和挑线簧

（5）将面线绕过大夹线器左边的铁钩，然后向上穿过面板的线钩（图2-71）。

（a）面线绕过铁钩　　　　　　（b）穿过面板的线钩

图2-71　面线穿过面板

（6）将面线从右向左穿过挑线杆，然后从上到下穿入过线钩（图2-72）。

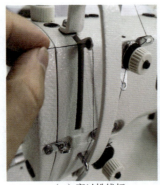

（a）穿过挑线杆　　　　　　（b）穿入过线钩

图2-72　面线穿过挑线杆与过线钩

（7）面线从上向下依次穿过针杆上的线钩和小孔，这样做可以使车缝停止时面线不容易脱落（图2-73）。

（a）穿过针杆上的线钩　　　　　　（b）穿过针杆上的小孔

图2-73　面线穿过针杆

（8）面线从左向右穿过针孔，缝线留出10cm以上的长度（图2-74）。

（a）面线穿过针孔　　　　　　　　（b）留出缝线

图2-74　穿面线完成

6. 引底线

左手拉紧面线，右手转动传动轮引底线，直至将底线引出为止（图2-75）。

（a）转动传动轮　　　　　　　　　（b）引出底线

图2-75　引底线

7. 电脑平缝机的调节

在正式上线车缝之前，需要检查机器的线迹、针距等是否符合工艺要求，之后调节其他部件。

（1）调节夹线器。先在碎布上车缝一段距离，检查线迹的松紧程度，分别调节左侧上、下两个夹线器，使面线和底线张力平衡，调节方向与对应的松紧程度关系为"左松右紧"（图2-76）。

（a）调节下方夹线器　　　　　　　　　（b）调节上方夹线器

图2-76　调节夹线器

（2）调节梭芯和梭壳。如果面线和底线张力失衡，则需要调节梭芯和梭壳。稍微拉紧梭芯缝线，检查缝线是否松弛，如果缝线松弛则需要重新打底线，同时检查梭壳是否松动和卡线，并进行调节（图2-77）。

（3）调节针距。针距大小由针距调节盘控制，向左旋转调节盘则针距刻度变大，针距随之变大，向右旋转调节盘则针距变小。车缝时要求针距适当，针距太大线迹的牢度不够，针距太小针杆易刺伤布料，因此应根据布料厚度和工艺要求调节针距。标准明线针距密度一般为每3cm缝12~14针（图2-78）。

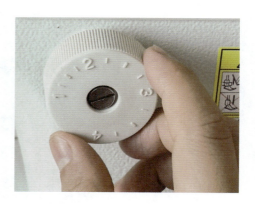

图2-77　检查梭芯缝线　　　　　　　　图2-78　调节针距

任务四

机缝操作练习及故障排查

一、机缝手势

机缝操作练习需要注意手势的正确操作。车缝单层布料时，左手在前送布而右手在后辅助将布料向前推送车缝；车缝双层或多层布料时，由于每层布料分别与送布牙和压脚接触时的压力不一样，下层布料受送布牙推送前进较快，而上层布料受到压脚的阻力前进较慢，同时，等长的布料车缝时容易出现布料上长下短的现象。因此车缝时需要左手辅助上层布料向前进，右手稍微按紧下层布料进行车缝，可以使上、下层布料松紧一致，车缝后布长相等（图2-79）。

如果双层布料车缝时的部位、长度不一样（长度相差不大的情况下），则可利用送布牙和压脚的不同阻力进行缩缝处理。操作方法是将较长的布料置于下层，车缝时拉紧上层布料，把多余布料进行均匀缩缝处理。

图2-79　机缝手势

二、回车

车缝的起始和停止通常都需要"回车"，回车也称"打倒针"。操作方法：在车缝结束后仍先向前车缝3针左右，然后按住电子回车按钮向回车缝3针左右，完成后再继续向前车缝，与原先的线迹重合。回车针数一般为3、4针，回车线迹长度以0.3~0.5cm为宜，不能超过缝份大小（图2-80）。

（a）按住电子回车按钮车缝

（b）回车线迹

图2-80　回车

三、车缝练习

车缝练习可以按照以下两种方式进行。

（1）将布料按照布纹方向放置，保持线距为半个压脚的长度约 0.6cm 进行直线实线车缝练习，注意起止回车的线迹长度不能超过缝份大小。

车缝练习要求：线与线之间保持平行，线迹均匀、整齐、美观，松紧适宜，平整，无皱缩（图 2-81）。

图 2-81　直线实线车缝练习

（2）几何图形及弧线车缝练习。由于布料是柔性材料，所以此项练习比直线车缝练习难度更高，要注意手、脚、眼的协调配合。

车缝练习要求：车缝弧线时要注意放松线和压脚，让布自然前进，开始时要一针一针地慢速车缝，然后逐渐加速（图 2-82）。车缝几何图形时须将针插入布料，然后抬起压脚转动布料，控制其前进方向，注意转角处尖而挺，不可出现漏针现象（图 2-83）。初学者在练习过程中要培养细心、耐心与恒心，争取做到精益求精。

（a）练习1

（b）练习2

图 2-82　弧线车缝练习

四、常见车缝故障排查

车缝过程中往往容易出现各种各样的故障，对初学者来说，学会故障排查尤为重要，主

（a）练习1

（b）练习2

图 2-83 几何图形车缝练习

要包含以下几方面。

1. 线迹松紧

面线、底线松紧度不平衡时，可以调节梭壳或调节面线的夹线器。

2. 针距大小

针距大小不符合工艺要求时，可以调节针距调节盘。

3. 断面线或断底线

（1）如果是面线穿线顺序错误的原因造成的，则重新穿线，注意线从左向右穿入针孔。

（2）如果是给线不顺畅的原因造成的，则检查线团放置情况，调整给线方向。

（3）如果是梭芯卡线的原因造成的，则检查梭芯缝线的松紧，重新打底线或更换梭芯。

（4）如果是梭壳卡线的原因造成的，则检查梭壳给线的松紧，调节梭壳松紧或更换梭壳。

（5）如果是梭芯安装错误的原因造成的，则检查梭芯安装的方向是否正确，重新安装梭芯和梭壳。

（6）如果是机针方向错误的原因造成的，则检查机针安装的方向是否正确，注意机针凹槽方向向右。

4. 断针

（1）如果是机针安装不到位的原因造成的，则重新安装机针，使机针处于最高位置。

（2）如果是机针方向错误的原因造成的，则检查机针安装的方向是否正确，注意机针凹槽方向向右。

（3）如果是撞击梭芯梭壳的原因造成的，则重新安装梭壳，使梭壳卡入梭床。

（4）如果是梭床松动或错位的原因造成的，则重新安装梭床。

（5）如果是布料太厚的原因造成的，则选用与布料厚度相匹配的机针型号。

（6）如果是压脚不正或松动的原因造成的，则重新安装压脚或校正压脚。

缝型工艺练习

缝型是指在一层或多层缝料上，按所要求的配置形式缝上不同的线迹，这些不同的配置形式被称为缝型，主要应用于衣片的拼合或衣片边角的处理。

一、平缝

平缝又叫合缝、拼缝、接缝，是服装工艺中最基本的缝制方法，适用于肩缝、侧缝、下档缝等部位。

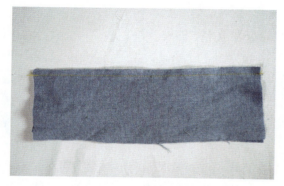

图 2-84　平缝的缝制步骤

1. 缝制步骤

将两层布料正面与正面贴合并对齐放置，在布料的反面沿预留缝份车缝，一般缝份的宽为 1cm（图 2-84）。

2. 工艺要求

上、下层布料平服，布料对位处的车缝长短一致，缉线顺直且缝份宽窄一致，车缝起止均须回针。

二、坐缉缝

坐缉缝又称坐倒缝，是在平缝的基础上将两层布料的缝份向一边坐倒并车缝明线的缝制方法，适用于肩缝、裤子侧缝、下档缝等部位。

图 2-85　坐缉缝的缝制步骤

1. 缝制步骤

将两层布料平缝后的缝份向单边坐倒，在坐倒的缝份上正面车缝 0.1cm 或 0.6cm 的明线（图 2-85）。

2. 工艺要求

上、下层布料平服，缉线顺直且缝份宽窄一致，布料熨实无虚缝，明线宽窄一致，无落坑现象。

三、压缉缝

压缉缝又称扣压缝，是将上层布料的缝份扣烫折光后，在布料正面压缉明线的缝制方法，适用于贴袋、袖衩、袖头、腰头等部位。

1. 缝制步骤

将上层布料的缝份向反面熨烫，将扣烫好的布料盖住下层布料缝份或对应车缝位置，在布料正面车缝明线（图2-86）。

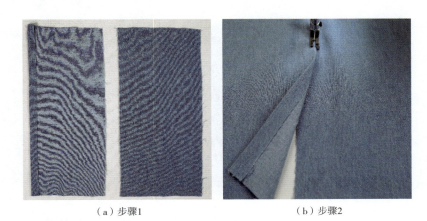

（a）步骤1　　　　　　　　　　（b）步骤2

图 2-86　压绲缝的缝制步骤

2. 工艺要求

上层布料的缝份需要扣烫平服整齐，压绲的明线顺直且宽窄一致，无落坑及起涟现象。

四、来去缝

来去缝又称反正缝，是将两层布料先在反面车缝后再进行正面车缝的缝制方法，由"来缝"和"去缝"形成的两道线迹组成，适用于肩缝、袋布、衬衫侧缝等部位。

1. 缝制步骤

将两层布料的反面与反面贴合，沿着布边车缝 0.5cm 进行"来缝"，修剪毛边剩余 0.3cm，然后将两层布料的正面与正面贴合，缝份熨实无虚缝后将毛边完全包住并沿着布边车缝 0.5cm 进行"去缝"（图2-87）。

2. 工艺要求

"来缝"的缝份不能过宽，须修剪毛边；"去缝"时须将毛边完全包住，缝份顺直美观，无起涟现象。

五、卷边缝

卷边缝是将布料毛边折反两次后沿折边上口绲缝的缝制方法，适用于裤脚、上衣下摆、袖口等部位。

1. 缝制步骤

将布料缝份向反面折烫 1cm，再向反面按照缝份大小折烫，沿折边车缝 0.1cm（图2-88）。

（a）"来缝"步骤

（b）"去缝"步骤

图 2-87　来去缝的缝制步骤

（a）步骤1　　　　　　　　　　　　（b）步骤2

（c）步骤3　　　　　　　　　　　　（d）步骤4

图 2-88　卷边缝的缝制步骤

2. 工艺要求

用底线充当面线线迹时需要稍微调紧面线，可以使正面线迹更加美观；缝份熨烫均匀，缝份顺直且线迹宽窄一致，车缝时须稍带紧下层布料以免发生错位，同时保证无起涟现象。

六、单包缝

单包缝又称反包缝或内包缝，是用一层布料包住另一层布料，正面只有一条线迹且正反面均无毛边的缝制方法，适用于袖窿、上衣侧缝等部位。

1. 缝制步骤

将两层布料的正面与正面贴合放置，上层布料向左移 0.6cm，将下层露出的缝份包转并沿毛边缉缝 0.1cm，注意不能使缝份散开，再将上层布料翻转，使之无虚缝，在正面压缉 0.5cm 完成缝制（图 2-89）。

（a）步骤1　　　　　　　　（b）步骤2

（c）步骤3

图 2-89　单包缝的缝制步骤

2. 工艺要求

布料的正面只能有一道明线，但布料反面有两道线迹，缝份要折齐，明线均匀顺直。正面无起涟现象，反面无落坑现象。

七、双包缝

双包缝又称正包缝或外包缝，是用一层布料包住另一层布料，正面有两条线迹且正反面均无毛边的缝制方法，适用于牛仔服装、运动服装等服装的缝制。

1. 缝制步骤

将两层布料的反面与反面贴合放置，上层布料向左移0.6cm，将下层露出的缝份包转并沿毛边缉缝0.1cm，注意不能使缝份散开，然后将缝份向左边翻转，摊平下层布料，沿折边在正面压缉0.1cm完成缝制（图2-90）。

（a）步骤1　　　　　　　　　　　（b）步骤2

（c）步骤3

图2-90　双包缝的缝制步骤

2. 工艺要求

双包缝与单包缝的线迹形式相反，双包缝的布料正面有两道明线，布料反面只有一道线迹。缝份要折齐，明线均匀顺直，正面无起涟现象。

八、包边缝

包边缝是用包边条沿布料毛边将其包住并缉缝的缝制方法，适用于袖衩、袖口、袖窿、裤脚、上衣下摆等部位。

1. 缝制步骤

方法一：将包边条沿着缝份向反面折烫，包边条的正面与布料的反面贴合并根据缝份大小缉线，然后将包边条包转，盖过缉缝的第一道线并在距离约 0.1cm 处压一道线（图 2-91）。

（a）步骤1

（b）步骤2

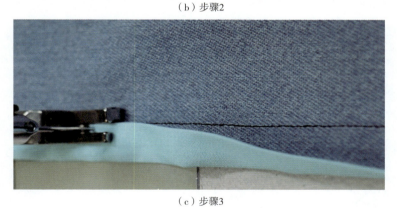

（c）步骤3

图 2-91　包边缝的缝制步骤（方法一）

方法二：将包边条沿着缝份向反面折烫，熨烫出里外匀，即一层折边比另外一层折边多出 0.1cm，将包边条多出 0.1cm 的折边放至下层直接包住裁片并压缉 0.1cm 缝线完成缝制（图 2-92）。

2. 工艺要求

包边条熨烫要均匀宽窄一致，缉缝第二道线时不能有虚缝，包边条折边要盖住第一道缝线，完成后不能有落坑现象。

（a）步骤1　　　　　　　　　　　　（b）步骤2

图 2-92　包边缝的缝制步骤（方法二）

任务六

服装熨烫工艺基础

熨烫工艺是指在制作过程中采用熨烫专用设备对服装进行热处理的过程。熨烫时需要一定的温度、湿度、压力和时间等条件，使服装达到定型或变形的效果。在服装行业中有"三分做，七分烫"的说法，突显了熨烫工艺在整个服装缝制过程中的作用和地位。

一、常用熨烫工具及应用

1. 烫台

常用的烫台有简易烫台和抽气烫台。使用简易烫台时一般需要事先在烫台上面铺贴海绵垫及坯布，适用于教学过程（图 2-93）。抽气烫台由外在装置输送蒸汽进行运转，烫台下装有抽气装置（图 2-94），可以在熨烫过程中把衣物沾上的蒸汽抽掉，使衣物快速定型，一般适用于工业生产，而不可熨烫的面料如毛织品多用抽气烫台熨烫。

2. 长烫凳

长烫凳的上层板面铺贴有棉花或海绵垫，用棉布包紧，用于熨烫呈凹凸状

图 2-93　简易烫台

或桶状形的成品或半成品，如袖子侧缝、裤子侧缝、裤脚等部位（图 2-95）。

图 2-94　抽气烫台

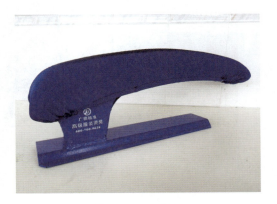

图 2-95　长烫凳

3. 蒸汽吊瓶电熨斗

蒸汽吊瓶电熨斗利用吊挂水瓶将水流入电热蒸汽熨斗内，经过高温加热后汽化喷出，其功率较高，适用于成品或半成品熨烫（图 2-96）。使用蒸汽吊瓶电熨斗时需要注意安全操作，温控旋钮刻度标有相应温度适合熨烫的织物材料，温度过高容易把织物烫焦。有些熨斗的电源开关及温控旋钮在熨斗后面（图 2-97），温控旋钮刻度对应的熨烫织物温度从高到低分别为麻、棉、羊毛、丝、化纤、尼龙（图 2-98），而有些熨斗的温控开关及温控调节旋钮在熨斗的左侧（图 2-99）。

图 2-96　蒸汽吊瓶电熨斗

图 2-97　熨斗后面的电源开关及温控旋钮

图 2-98　温控旋钮刻度盘

图 2-99　熨斗左侧的电源开关及温控旋钮

二、蒸汽吊瓶电熨斗安全操作

在使用熨斗过程中往往容易出现以下操作行为而产生安全隐患。

（1）熨烫完成后未能及时将熨斗放回烫垫上而烫焦烫台（图 2-100）。

（2）将熨斗放回烫垫上，但熨斗未完全放正且仍与烫台有接触面（图 2-101）。

（3）在熨烫过程中，因熨烫时长过长或熨烫温度超过面料熔点而烫焦面料。

（4）在熨斗加热过程中，用手直接碰触熨斗测试熨斗温度而烫伤皮肤。

图 2-100　熨斗在熨烫结束后直接放在烫台

图 2-101　熨斗未完全放于烫垫上

三、熨烫操作形式

熨烫时可根据不同的熨烫要求采用不同的操作形式，主要有平烫、扣烫、拔烫和归烫等形式。

1. 平烫

在整烫布料或烫衬的过程中，不宜对熨斗用力过猛反复熨烫，应使用熨斗对织物进行压烫，以避免布料产生褶皱或严重变形等现象。而平烫分缝时则须将缝份向两边分开，手握熨斗使熨斗前端沿缝份中间缓慢前行。平烫主要用于熨烫省缝、后背缝、侧缝等部位（图 2-102）。

（a）压烫织物　　　　　　　　　　　　　（b）平烫分缝

图 2-102　平烫

2. 扣烫

　　扣烫是把衣片折边按缝份要求通过扣压烫实进行定型的熨烫形式，其种类按折边的形状可分为直扣烫和弧形扣烫。直扣烫时直接将缝份扣转熨烫即可（图 2-103）。弧形扣烫时则需要注意操作手势，为使弧形弯位处熨烫的均匀、圆顺，可将四个手指放置于衣片下面，然后将衣片沿缝份均匀扣转进行熨烫平服（图 2-104）。

（a）步骤1　　　　　　　　　　　　　　（b）步骤2

图 2-103　直扣烫步骤

（a）步骤1　　　　　　　　　　　　　　（b）步骤2

图 2-104　弧形扣烫步骤

3. 拔烫

拔烫是用手拽住需要拔开的部位并用力将熨斗向拔宽方向熨烫，使平面的衣片更加符合人体体型特征的熨烫形式（图 2-105）。

4. 归烫

归烫与拔烫的工艺步骤相反，归烫是用手将需要归拢的部位推进并用力将熨斗向归拢方向熨烫，使平面的衣片更加符合人体体型特征的熨烫形式（图 2-106）。

图 2-105　拔烫　　　　　　　　　　图 2-106　归烫

任务七

服装缝制基础工艺实训

一、实训项目一

根据本章所学知识填写表 2-3。

表 2-3　服装缝制基础工艺知识自测表

序号	题目	答案	备注
1	举例说明常用手缝针法的操作及用途		
2	列举几种常见纽扣的钉缝方法		
3	说明平头扣眼和圆头扣眼有何区别，怎样才能锁好圆头扣眼		
4	使用电脑平缝机时需要注意哪些安全操作问题		

序号	题目	答案	备注
5	对平缝机穿针引线时需要注意哪些问题		
6	在布料上车缝几何图形或弧线有什么技巧		
7	使用熨斗需要注意哪些安全问题		
8	如何排查车缝过程中发生的故障		

二、实训项目二

1. 根据本章所学知识用手缝针缝制一件作品

工艺要求：

（1）面料尺寸为 30cm×30cm，材质不限。

（2）运用至少 5 种手缝针法进行缝制。

（3）缝型运用合理，缝制平服、顺直，线迹美观，缝线的颜色不限。

2. 根据所学知识用电脑平车缉缝所学的八种缝型

工艺要求：

（1）面料尺寸为 30cm×20cm，材质不限。

（2）运用本章所学 8 种缝型缝制。

（3）缝制平服、顺直，线迹美观。

服装部件缝制工艺

课题名称： 服装部件缝制工艺

课题内容： 1. 贴袋缝制工艺

2. 双嵌线挖袋缝制工艺

3. 斜插袋缝制工艺

4. 门襟缝制工艺

5. 拉链缝制工艺

6. 开衩缝制工艺

7. 衣领缝制工艺

8. 服装部件缝制工艺实训

课题时间： 42 课时

教学目的： 让学生能够熟悉服装部件的结构特征，了解常见服装部件的款式特点和裁剪注意事项，通过部件的制作掌握基本缝型并强化对裁剪工具和缝制设备的使用，熟练掌握服装部件的缝制工艺，为服装成衣制作打下坚实基础。

教学方式： 信息化教学，课堂实践授课。

教学要求： 教师理论教学 13 课时；要求学生结合实际生活分析服装款式特征，熟悉服装部件结构特点，并能够熟练掌握各部件缝制工艺技巧。

课前准备： 学生收集身边常见服装款式，教师准备服装各部件图片和服装部件实物。

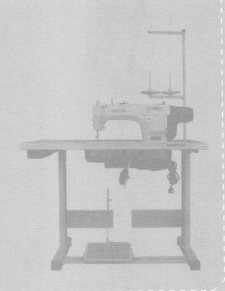

任务一

贴袋缝制工艺

课前学习任务书

请根据表 3-1 中的图片收集贴袋实物，分析贴袋的缝制工艺和缝型，并在表中绘制贴袋的款式图以及缝型类型。

表 3-1　课前学习任务

贴袋实物图	款式图	缝型类型

一、平贴袋缝制工艺

平贴袋是服装款式中常见的一种口袋样式，从外形上分有圆角、尖角、方角等样式，可根据款式造型的需要进行设计（图 3-1）。

1. 缝制准备

准备面布、口袋布、袋口衬、口袋净样板（图 3-2）。

2. 平贴袋裁剪注意事项

（1）检查裁片和辅料是否完整、尺寸规格是否准确。

（2）检查裁片布纹线是否与面料布纹线一致。

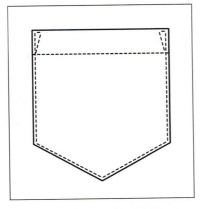

图 3-1　平贴袋款式图

图 3-2　平贴袋裁片图

3. 平贴袋缝制步骤

熨烫袋布（面布）→熨烫袋口衬→车缝袋口明线→口袋拷边→熨烫口袋实样→装贴袋→完成。详细步骤与工艺见图 3-3。

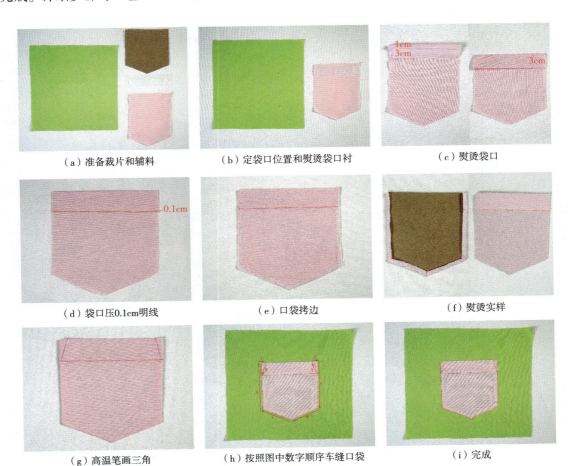

（a）准备裁片和辅料　　　　（b）定袋口位置和熨烫袋口衬　　　　（c）熨烫袋口

（d）袋口压0.1cm明线　　　　（e）口袋拷边　　　　（f）熨烫实样

（g）高温笔画三角　　　　（h）按照图中数字顺序车缝口袋　　　　（i）完成

图 3-3　平贴袋缝制步骤

二、立贴袋缝制工艺

立贴袋也是服装款式中常使用的一种样式，在服装中使用的范围非常广泛，从外形上可分为风琴袋、两片式立体贴袋等样式（图3-4）。

1. 缝制准备

准备面布、口袋侧条、袋口衬、口袋布（图3-5）。

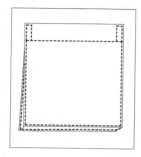
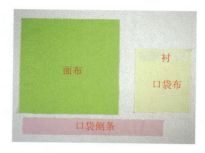

图3-4　立贴袋款式图　　　　图3-5　立贴袋裁片图

2. 立贴袋裁剪注意事项

（1）检查裁片和辅料是否完整、尺寸规格是否准确。

（2）检查裁片布纹线是否与面料布纹线一致。

3. 立贴袋缝制步骤

熨烫袋布（面布）→熨烫袋口衬、折袋口（先折1cm，再折3cm熨烫）、口袋侧条拷边→车缝袋口明线0.1cm→缝合口袋布和口袋侧条→口袋上层压0.1cm明线→装贴袋→固定袋口→完成。详细步骤与工艺见图3-6。

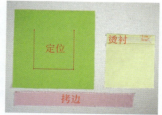

（a）准备裁片和辅料　　　（b）定袋口位置、熨烫袋口衬和拷边　　　（c）袋口压0.1cm明线

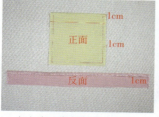

（d）在口袋布边画1cm缝线，　　　（e）车缝口袋和口袋侧布　　　（f）拷边
熨烫口袋侧布边1cm处

（g）缝份反折到里面

（h）口袋上层压0.1cm明线

（i）把口袋沿定位线与面布缝合

（j）固定完成

（k）按照图中数字顺序固定袋口

（l）完成

图 3-6　立贴袋缝制步骤

任务二

双嵌线挖袋缝制工艺

课前学习任务书

请根据表 3-2 中的图片收集有双嵌线挖袋的服装实物，分析双嵌线挖袋的缝制工艺和缝型，并在表中绘制双嵌线挖袋的款式图和缝型类型。

表 3-2　课前学习任务

双嵌线挖袋实物图	款式图	缝型类型

续表

双嵌线挖袋实物图	款式图	缝型类型
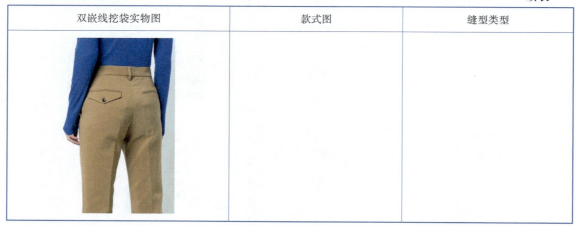		

双嵌线挖袋是服装款式中常见的一种口袋样式，常用在西装的设计中，可根据款式造型的需要进行设计（图3-7）。

一、缝制准备

准备面布、口袋布、牵条、袋口垫布、袋口衬、牵条衬（图3-8）。

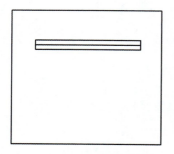

图3-7　双嵌线挖袋款式图　　　　图3-8　双嵌线挖袋裁片图

二、双嵌线挖袋裁剪注意事项

（1）检查裁片和辅料是否完整、尺寸规格是否准确。
（2）检查裁片布纹线是否与面料布纹线一致。

三、双嵌线挖袋缝制步骤

熨烫部件→熨烫袋口衬、牵条衬→画定位线→调整最大针距固定牵条、袋口垫布与袋口缝合→牵条分别与口袋和面布缝合→剪三角→固定三角→缝合口袋并拷边→固定口袋与面布→熨烫完成。详细步骤与工艺见图3-9。

（a）准备裁片和辅料　　　（b）熨烫袋口衬、牵条衬、净边　　　（c）画定位线

（d）固定牵条和口袋垫布　　　（e）车缝牵条和口袋布、牵条和面布　　　（f）把口袋布和牵条缝合到面布
（固定线要错位0.1~0.2cm）

（g）缝合完成　　　（h）剪三角　　　（i）缝合固定三角

（j）按顺序缝合口袋　　　（k）口袋拷边　　　（l）固定上口完成

图3-9　双嵌线挖袋缝制步骤

任务三

斜插袋缝制工艺

课前学习任务书

请根据表3-3中的图片收集有斜插袋款式的服装实物，分析斜插袋的缝制工艺和缝型，并在表中绘制斜插袋的款式图和缝型类型。

表 3-3 课前学习任务

斜插袋实物图	款式图	缝型类型

斜插袋主要用在裤装等服装款式中，袋口有斜、弧等样式，可根据款式造型的需要进行设计（图 3-10）。

一、缝制准备

准备裤片、口袋布、牵条、袋口垫布、袋口衬、牵条衬（图 3-11）。

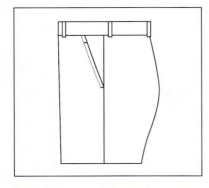

图 3-10 斜插袋款式图

图 3-11 斜插袋裁片图

二、斜插袋裁剪注意事项

（1）检查裁片和辅料是否完整、尺寸规格是否准确。

（2）检查裁片布纹线是否与面料布纹线一致。

三、斜插袋缝制步骤

熨烫部件→熨烫袋口衬、垫布衬→车缝袋口贴和垫布→口袋拷边→车缝口袋下口→拼合口袋与前裤片→车缝袋口明线 0.1cm→缝合前后裤片→修整缝份→完成。详细步骤与工艺见图 3-12。

图 3-12　斜插袋缝制步骤

门襟缝制工艺

课前学习任务书

请根据表 3-4 中的图片收集门襟实物，分析门襟的缝制工艺和缝型，并在表中绘制门襟的款式图以及缝型类型。

表 3-4　课前学习任务

门襟实物图	款式图	缝型类型

一、半开口门襟缝制工艺

半开口门襟是服装款式中常用的结构样式，主要用在 polo 衫、衬衫等上衣中，服装的半开口门襟形式多样，可根据款式造型的需要进行设计（图 3-13）。

1. 缝制准备

准备面料、门襟、门襟衬（图 3-14）。

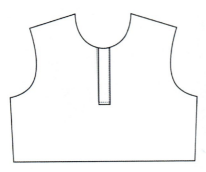

图 3-13　半开口门襟款式图　　　　图 3-14　半开口门襟裁片图

2. 半开口门襟裁剪注意事项

（1）检查裁片和辅料是否完整、尺寸规格是否准确。

（2）检查裁片布纹线是否与面料布纹线一致。

3. 半开口门襟缝制步骤

熨烫部件→熨烫门、里襟衬→车缝袋口贴和垫布→口袋拷边→车缝口袋下口→拼合口袋与前裤片→压袋口明线 0.1cm→缝合前后裤片→修整缝份→完成。详细步骤与工艺见图 3-15。

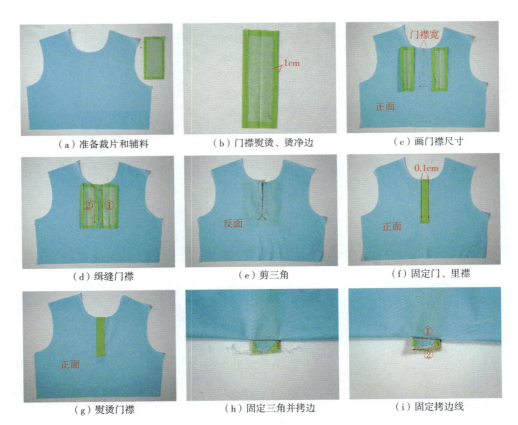

（a）准备裁片和辅料　　　（b）门襟熨烫、烫净边　　　（c）画门襟尺寸

（d）缉缝门襟　　　（e）剪三角　　　（f）固定门、里襟

（g）熨烫门襟　　　（h）固定三角并拷边　　　（i）固定拷边线

图 3-15

（j）压明线固定　　　　　　　（k）完成

图 3-15　半开口门襟缝制步骤

二、明门襟缝制工艺

明门襟也是服装款式中常用的结构样式，在服装中使用的非常广泛，开襟形式有对称门襟、非对称门襟、单叠门襟、双叠门襟、直线门襟、斜线门襟等（图 3-16）。

1. 缝制准备

准备左前片、右前片、门襟、门襟衬（图 3-17）。

图 3-16　明门襟款式图　　　　　图 3-17　明门襟裁片图

2. 明门襟裁剪注意事项

（1）检查裁片和辅料是否完整、尺寸规格是否准确。

（2）检查裁片布纹线是否与面料布纹线一致。

3. 明门襟缝制步骤

熨烫部件→熨烫门襟、衬、净样→缝合左前片门襟→正面车缝、固定门襟→完成。详细工艺与步骤见图 3-18。

（a）准备裁片和辅料　　　（b）熨烫门襟、衬、净样　　　（c）车缝左前片门襟，注意熨烫0.1cm
　　　　　　　　　　　　　　　　　　　　　　　　　　　　错层（眼皮），防止止口反吐

| （d）正面车缝、固定门襟 | （e）门襟反面 | （f）完成 |

图 3-18　明门襟缝制步骤

任务五

拉链缝制工艺

课前学习任务书

　　请根据表 3-5 中的图片收集装有拉链的服装实物，分析拉链的缝制工艺和缝型，并在表中填写拉链结构和缝型类型。

表 3-5　课前学习任务

拉链实物图	拉链结构	缝型类型

一、休闲裤门襟拉链缝制工艺

休闲裤门襟拉链是裤装款式中常用的结构样式，根据材料的不同可分为尼龙拉链、树脂拉链、金属拉链等，可根据款式的造型需要选择使用（图3-19）。

1. 缝制准备

准备裤片、门襟、里襟、门襟衬、里襟衬、拉链（图3-20）。

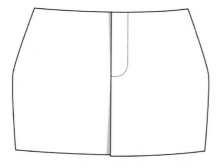

图 3-19 休闲裤门襟拉链款式图

图 3-20 休闲裤门襟拉链裁片图

2. 休闲裤门襟拉链裁剪注意事项

（1）检查裁片和辅料是否完整、尺寸规格是否准确。

（2）检查裁片布纹线是否与面料布纹线一致。

3. 休闲裤门襟拉链缝制步骤

熨烫部件→熨烫门襟、里襟衬→拷边→缉缝窿门弧线→缝合门襟→缝合拉链和里襟→缝合里襟和裤片→缝合门襟和拉链→缝合门襟明线→完成。详细工艺与步骤见图3-21。

（a）准备裁片和辅料　　　　（b）烫衬　　　　（c）拷边

（d）定位并缝合裤片　　　（e）缝合门襟和裤片　　　（f）门襟压0.1cm缝线

（g）缝合拉链和里襟

（h）缝合里襟和裤片

（i）里襟完成效果，门襟错位0.2cm，
防止止口反吐

（j）固定，重叠0.3~0.5cm，防止
门襟错位

（k）压双线固定门襟和拉链
（注意不要压到裤片）

（l）车缝门襟明线，完成
（注意不要压到里襟）

图 3-21　休闲裤门襟拉链制作步骤

二、隐形拉链缝制工艺

隐形拉链是服装款式设计中常见的开口形式，常用在裙装、高档夹克衫、防寒服等服装中，可根据款式造型需要进行设计（图3-22）。

1. 缝制准备

准备裙片、里襟、拉链（图3-23）。

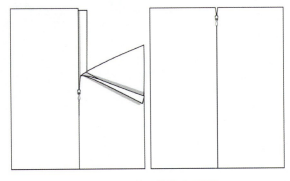

图 3-22　隐形拉链款式图

图 3-23　隐形拉链裁片图

2. 隐形拉链裁剪注意事项

（1）检查裁片和辅料是否完整、尺寸规格是否准确。

（2）检查裁片布纹线是否与面料布纹线一致。

3. 隐形拉链缝制步骤

熨烫部件→熨烫里襟→拷边→缝合拉链和裙片→修剪并固定拉链尾端→缝合拉链和里襟→完成。详细工艺与步骤见图3-24。

（a）准备裁片和辅料　　　　（b）熨烫里襟并缉缝里襟下口　　　　（c）拷边、画定位点和净样

（d）拼合裙片（从定位点向下）　　　　（e）缝合拉链和裙片　　　　（f）修剪拉链尾端

（g）缝合固定拉链尾端　　　　（h）缝合里襟和裙片　　　　（i）完成

图3-24　隐形拉链缝制步骤

任务六

开衩缝制工艺

课前学习任务书

请根据表3-6中的图片收集袖衩实物，分析袖衩的缝制工艺和缝型，并在表中绘制袖衩款式图以及缝型类型。

表 3-6　课前学习任务

袖衩实物图	款式图	缝型类型

一、直袖衩缝制工艺

直袖衩是在衣袖款式中常见的一种开衩样式，可根据款式造型的需要进行设计（图 3-25）。

1. 缝制准备

准备面布、直袖条（图 3-26）。

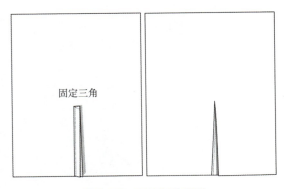

图 3-25　直袖衩款式图

图 3-26　直袖衩裁片图

2. 直袖衩裁剪注意事项

（1）检查裁片和辅料是否完整、尺寸规格是否准确。

（2）检查裁片布纹线是否与面料布纹线一致。

3. 直袖衩缝制步骤

熨烫部件→熨烫袖条、裁剪袖开衩→缝合袖条和袖衩→固定三角→完成。详细工艺与步骤见图3-27。

（a）准备裁片和辅料　　　（b）剪袖衩、熨烫牵条　　　（c）缝合嵌条和袖开衩

（d）拼合完成效果　　　（e）缉缝另一边　　　（f）固定三角，完成

图3-27　直袖衩缝制步骤

二、宝剑头袖衩缝制工艺

宝剑头袖衩主要用在衬衫的开衩设计中，在衬衫中使用非常广泛，从外形上可分为尖角、方角和圆角等样式（图3-28）。

1. 缝制准备

准备面布、宝剑头袖开衩、牵条、宝剑头袖开衩衬、牵条衬（图3-29）。

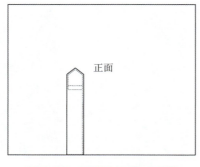

图3-28　宝剑头袖衩款式图

图3-29　宝剑头袖衩裁片图

2. 宝剑头袖衩裁剪注意事项

（1）检查裁片和辅料是否完整、尺寸规格是否准确。

（2）检查裁片布纹线是否与面料布纹线一致。

3. 宝剑头袖衩缝制步骤

熨烫部件→熨烫牵条、裁剪袖开衩→缝合牵条和袖开衩→固定三角→完成。详细工艺与步骤见图3-30。

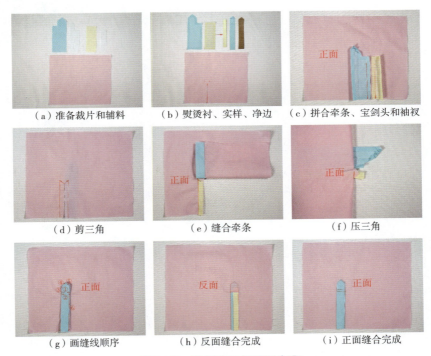

（a）准备裁片和辅料　　　（b）熨烫衬、实样、净边　　（c）拼合牵条、宝剑头和袖衩

（d）剪三角　　　　　　　（e）缝合牵条　　　　　　　（f）压三角

（g）画缝线顺序　　　　　（h）反面缝合完成　　　　　（i）正面缝合完成

图3-30　宝剑头袖衩缝制步骤

三、裙衩缝制工艺

裙衩是裙装款式中常使用的开衩样式，在直裙、一步裙、紧身裙等款式中使用比较多，主要起到方便行走的作用（图3-31）。

1. 缝制准备

准备面布、右前片、门襟、门襟衬（图3-32）。

2. 裙开衩裁剪注意事项

（1）检查裁片和辅料是否完整、尺寸规格是否准确。

（2）检查裁片布纹线是否与面料布纹线一致。

3. 裙衩缝制步骤

熨烫部件→熨烫衬→缉缝左后片下摆三角→缉缝面布、里布后中线→缉缝右后片面布和里布下摆、开衩位→缉缝另外两边开衩→完成。详细工艺与步骤见图3-33。

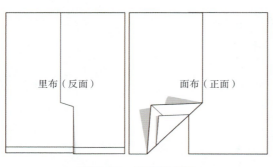

里布（反面）　　　　　面布（正面）

图 3-31　裙衩款式图

面布　　　面布
衬　衬
里布　　　里布

图 3-32　裙衩裁片图

（a）准备裁片和辅料

（b）熨烫衬

（c）缉缝左后片底摆三角并修剪

（d）修剪缝纫、反折熨烫

（e）缉缝面布里布后中

（f）缝下摆和里布

（g）缉缝右后片和里布缝份

（h）打剪口

（i）缉缝另外两边面布和里布

（j）完成

图 3-33　裙衩缝制步骤

衣领缝制工艺

课前学习任务书

请根据表3-7中的图片收集衬衫领实物，分析衬衫领的制作工艺和缝型，并在表中绘制衬衫领款式图和缝型类型。

表3-7　课前学习任务

衬衫领实物图	款式图	缝型类型

一、翻领缝制工艺

翻领主要用在衬衫款式中，在衬衫中使用非常广泛，从外形上可分为尖角、方角和圆角等样式（图3-34）。

1. 缝制准备

准备翻领面、翻领里、底领面、底领里、翻领实样、底领实样、翻领衬、底领衬（图3-35）。

图 3-34　翻领款式图

图 3-35　翻领裁片图

2. 翻领裁剪注意事项

（1）检查裁片和辅料是否完整、尺寸规格是否准确。

（2）检查裁片布纹线是否与面料布纹线一致。

3. 翻领缝制步骤

熨烫部件→熨烫衬、画实样和定位→缝合领面→缝合领面和底领→缝合底领和领圈→完成。详细工艺与步骤见图 3-36。

（a）准备裁片和辅料

（b）熨烫衬、画实样和定位

（c）缉缝领角并埋线

（d）缉缝时拉紧领里，完成后领角
自然上翘，底领压0.8cm明线

（e）修剪缝份和领角

（f）翻转领面压0.8cm明线

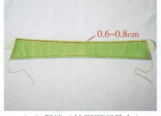

（g）假缝（针距调到最大）

（h）缝合领面和底领

（i）修剪缝份

（j）对折并核对领角造型是否对称　　　　　（k）画缩领线　　　　　　　（l）缝合底领和领圈

（m）抽领角线，压底领明线
（注意起点位置跟领角错位1~1.5cm）　　　　　　（n）完成

图3-36　翻领缝制步骤

二、立领缝制工艺

立领也是衬衫衣领设计时的主要样式，在衬衫和休闲装中使用非常广泛，从外形上可分为直角、圆角等样式（图3-37）。

1. 缝制准备

准备领面、领里、领衬（图3-38）。

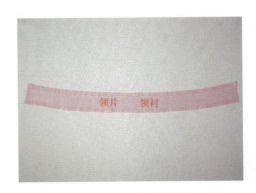

图3-37　立领款式图　　　　　　图3-38　立领裁片图

2. 立领裁剪注意事项

（1）检查裁片和辅料是否完整、尺寸规格是否准确。

（2）检查裁片布纹线是否与面布布纹线一致。

3. 立领缝制步骤

熨烫部件→熨烫衬和定位→缝合领面和领里→缝合领里和领圈→缝合领面和领圈并压明线→完成。详细工艺与步骤见图3-39。

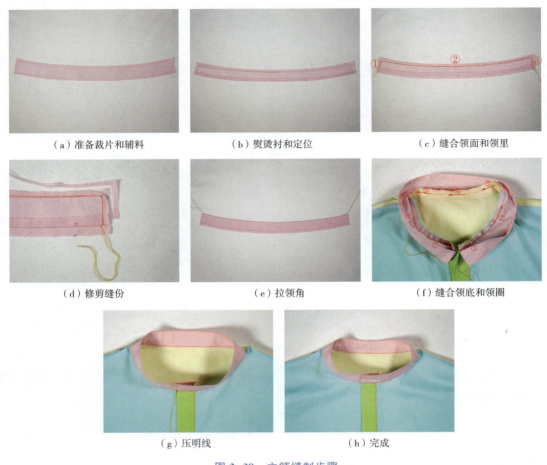

（a）准备裁片和辅料　　　　（b）熨烫衬和定位　　　　（c）缝合领面和领里

（d）修剪缝份　　　　（e）拉领角　　　　（f）缝合领底和领圈

（g）压明线　　　　（h）完成

图 3-39　立领缝制步骤

任务八

服装部件缝制工艺实训

一、实训项目一

根据本章所学知识填写表 3-8，要求填写各部件的缝制步骤以及各部件的缝型类型。

表 3-8　服装部件缝制工艺知识自测表

部件		缝制步骤	缝型类型	备注
贴袋	平贴袋			
	立贴袋			
双嵌线挖袋				

部件		缝制步骤	缝型类型	备注
	斜插袋			
门襟	半开口门襟			
	明门襟			
拉链	休闲裤拉链			
	隐形拉链			
开衩	直袖衩			
	宝剑头袖衩			
	裙衩			
衣领	翻领			
	立领			

二、实训项目二

根据本章所学知识，制作贴袋、挖袋、插袋、门襟、拉链、开衩、衣领等部件。

工艺要求：

（1）裁片完整，尺寸规格准确。

（2）制作成品符合质量要求。

课题名称： 袖套缝制工艺

课题内容： 1. 袖套裁片处理

2. 袖套缝制步骤

3. 袖套缝制工艺实训

课题时间： 4 课时

教学目的： 让学生能够熟悉袖套的结构特征，了解袖套的款式特点和裁剪注意事项，通过袖套的制作进一步掌握基本缝型并熟练掌握裁剪工具和缝制设备的使用，提高学生学习缝制工艺的积极性，为服装成衣制作打下坚实基础。

教学方式： 信息化教学，课堂实践授课。

教学要求： 教师理论教学 2 课时；要求学生结合实际生活分析袖套款式特征，熟悉袖套结构特点和功能，并能够熟练掌握袖套缝制工艺等技巧。

课前准备： 学生收集身边常见袖套款式和制作袖套的面、辅料，教师准备袖套缝制工艺示范物料。

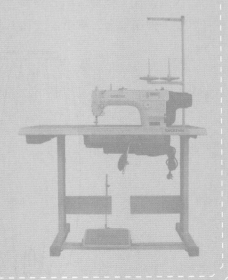

<h1 style="text-align:center">课前学习任务书</h1>

请根据表4-1中的图片收集一双袖套实物，分析袖套的裁片组成、制作工艺和缝型类型，并进行袖套款式图拓展练习、绘制缝型类型和分析变款袖套裁片组成。

表4-1　课前学习任务

袖套实物图	款式图拓展练习	缝型类型	裁片组成

袖套是戴在衣袖外面的保护套，主要起到保护袖身洁净的作用，适用于工作防护，如室内清扫、伏案工作、室外防晒等场景。其根据季节可以分为轻薄型袖套和保暖型袖套，根据面料可以分为棉制袖套、皮革袖套和PVC防水袖套等（图4-1）。

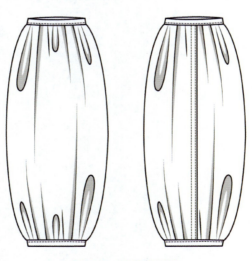

图4-1　袖套款式图

任务一

袖套裁片处理

一、袖套号型规格确认

此节以号型为 160/84A 的袖套进行实例讲解，其号型规格见表 4-2。

表 4-2　袖套号型规格表　　　　　　　　　　　　　　单位：cm

部位	袖套长	袖套宽
规格	30	28

二、袖套用料计算

袖套用料包括袖套长为 30cm，袖套宽为 28cm。

三、袖套缝制准备

（1）袖套裁片：袖片 2 片、松紧带 4 片（图 4-2）。

（2）辅料和工具：高温笔、布剪、纱剪、缝纫线、梭芯套、锥子等。

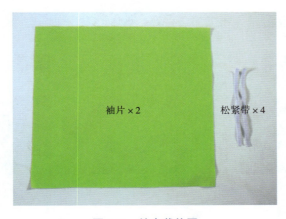

袖片×2　　　　　松紧带×4

图 4-2　袖套裁片图

四、袖套裁剪注意事项

袖套裁剪是否到位关系到缝制过程是否顺畅，因此要注意以下两点。

（1）检查裁片的尺寸规格是否准确。

（2）检查裁片布纹线是否与面料布纹线一致。

任务二

袖套缝制步骤

袖套的缝制步骤如下：

检查、熨烫裁片→缝合侧缝→缝合袖口→穿橡筋→固定→完成。详细工艺与步骤见图4-3。

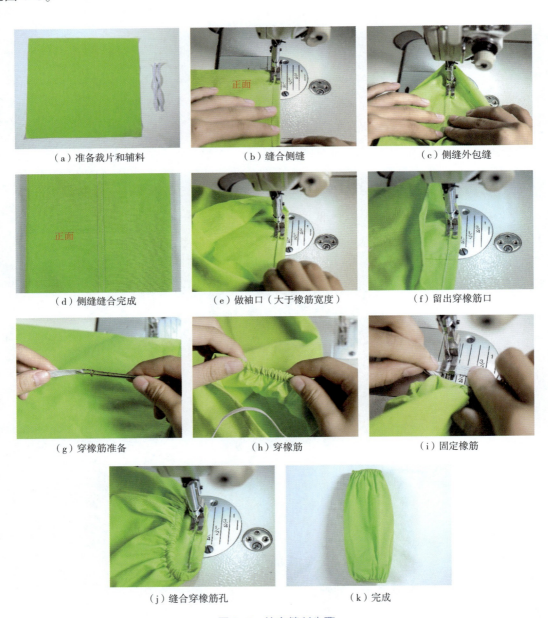

（a）准备裁片和辅料　　（b）缝合侧缝　　（c）侧缝外包缝

（d）侧缝缝合完成　　（e）做袖口（大于橡筋宽度）　　（f）留出穿橡筋口

（g）穿橡筋准备　　（h）穿橡筋　　（i）固定橡筋

（j）缝合穿橡筋孔　　（k）完成

图4-3　袖套缝制步骤

袖套缝制工艺实训

一、实训项目一

根据本章所学知识填写表4-3，要求填写袖套缝制步骤以及袖套部件的缝型类型。

表4-3　袖套缝制工艺知识自测表

项目	缝制步骤	缝型类型	备注
袖套缝制工艺			

二、实训项目二

根据自己的手臂尺寸，设计、裁剪并制作一双袖套。

工艺要求：

（1）尺寸合理，裁剪标准。

（2）缝型运用合理，缝制平服、顺直，线迹美观。

课题名称：围裙缝制工艺

课题内容：1. 围裙裁片处理

2. 围裙缝制步骤

3. 围裙工艺质量标准

4. 围裙缝制工艺实训

课题时间：8课时

教学目的：让学生能够熟悉围裙的结构特征，了解围裙的款式特点和裁剪注意事项，通过围裙的制作进一步掌握基本缝型并熟练掌握裁剪工具和缝制设备的使用，提高学生学习缝制工艺的积极性，为服装成衣制作打下坚实基础。

教学方式：信息化教学，课堂实践授课。

教学要求：教师理论教学3课时；要求学生结合实际生活了解围裙功能，熟悉围裙部件结构特点，并能够熟练掌握围裙缝制工艺。

课前准备：学生收集身边常见围裙款式和制作围裙的面、辅料，教师准备围裙缝制工艺示范物料。

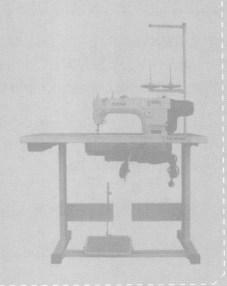

课前学习任务书

请根据表 5-1 中的图片收集一件围裙实物，分析围裙的裁片组成、制作工艺和缝型类型，并进行围裙款式图拓展练习，绘制五种以上缝型类型和分析变款围裙裁片组成。

表 5-1　课前学习任务

围裙实物图	款式图拓展练习	缝型类型	裁片组成

围裙主要是在劳动或工作的时候穿在衣服外面起到保护衣服洁净的作用。目前市面上的围裙按材质分主要分为橡胶围裙、无纺布围裙、纯棉围裙、绸缎围裙、帆布围裙和 RPET 桃皮绒围裙六种；按样式分可以分为半身围裙、挂脖围裙、背心围裙、全身围裙等（图 5-1）。

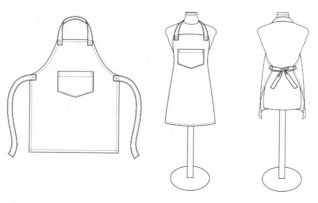

图 5-1　围裙款式图

任务一

围裙裁片处理

一、围裙号型规格确认

此节以号型为 160/84A 的围裙进行实例讲解，其号型规格见表 5-2。

表 5-2　围裙号型规格表　　　　　　　　　　单位：cm

部位	裙长	裙宽	绑带长	口袋深	口袋宽
规格	78	92	75	46	60

二、围裙用料计算

面料幅宽为 145cm，需要计算用量的部位包括裙身、绑带、口袋。

三、围裙缝制准备

1. 围裙裁片

准备裙身 1 片、口袋 1 片、绑带 2 片、吊带 1 片、口袋实样 1 份（图 5-2）。

图 5-2　围裙裁片图

2. 辅料和工具

准备高温笔、布剪、纱剪、缝纫线、梭芯套、锥子等。

四、围裙裁剪注意事项

围裙裁剪是否到位关系到缝制过程是否顺畅，因此要注意以下几点。

（1）检查裁片尺寸规格是否完整、准确。

（2）检查裁片布纹线是否与面料布纹线一致。

（3）检查裁片上的对位点、刀口是否标注齐全。

围裙缝制步骤

围裙的缝制步骤如下：

检查、熨烫裁片→口袋拷边→定袋口位、熨烫实样→缝合部件→车缝口袋→裙身卷边→车缝绑带→完成。详细工艺与步骤见图5-3。

（a）准备裁片和辅料　　　（b）口袋拷边　　　（c）熨烫绑带和口袋净样并画口袋点位

（d）缉缝绑带和口袋明线　　　（e）缉缝贴袋　　　（f）裙身卷边

（g）定绑带点位　　　（h）缉缝固定绑带　　　（i）完成

图5-3　围裙缝制步骤

围裙工艺质量标准

一、围裙缝制质量要求

围裙缝制质量要求见表5-3。

表 5-3 围裙缝制质量要求表

序号	部位名称	质量要求
1	裙身	（1）各部位缝制平服，线路顺直、整齐、牢固，针迹均匀； （2）上、下松紧适宜，无跳线、断线，起落针处应有回针； （3）对称部位基本一致； （4）绲条、压条、绑带要平服，宽窄一致
2	熨烫	各部位熨烫平服，无烫黄、水花、污渍，无线头，整洁、美观
3	其他	（1）装饰物（绣花、镶嵌物等）牢固、平服； （2）成品中不得含有金属针或其他金属锐利物

二、围裙成品主要部位规格尺寸允许偏差

围裙成品主要部位规格尺寸允许偏差见表 5-4。

表 5-4 成品主要部位规格尺寸允许偏差表　　　　　　单位：cm

序号	部位名称		规格尺寸允许偏差
1	裙身	裙长	±1.0
		裙宽	±1.0
2	绑带	颈部	±0.6
		腰部	±0.6

三、围裙成品主要部位规格测量方法

围裙成品主要部位规格测量方法见表 5-5。

表 5-5 成品主要部位规格测量方法表

序号	部位名称		测量方法
1	裙身	裙长	由裙身颈部绑带连接处垂直量至底边
		裙宽	围裙摊平，沿袖隆底缝水平衡量
2	绑带	颈部	由后领窝中点经袖山最高点量至袖头边
		腰部	由袖山最高点垂直量至袖头边

四、围裙外观质量判定依据

围裙外观质量判定依据见表 5-6。

表 5-6　围裙外观质量判定依据表

项目	序号	轻微缺陷	较重缺陷	严重缺陷
外观及缝制质量	1	商标不端正，明显歪斜；使用说明内容不规范	使用说明内容不正确	使用说明内容缺项
	2	熨烫不平服；面料有亮光	面料轻微烫黄、变色	面料变质、残破
	3	—	—	成品内含有金属针或其他金属锐利物
	4	表面有轻度污渍；表面有三根及以上长于 1cm 的死线头	表面有明显污渍且污渍面积大于 2cm² ；水花大于 4cm²	表面有严重污渍且污渍面积大于 30cm²
	5	缝制不平服，松紧不适宜；底边不圆顺；包缝后缝份小于 0.8cm	表面有明显拆痕；毛、脱、漏（毛、脱、漏是国家纺织行业标准中的表述，具体为：毛泄、脱线、漏针）小于等于 1cm；表面部位的布边针眼外露	毛、脱、漏大于 1cm；
	6	30cm 内有两个单跳针，双轨线；吊带、串带各封结、回针不牢固	连续跳针或 30cm 内有两个以上单跳针；四五线包缝有跳针；锁眼缺线或断线 0.5cm 以上	链式线迹有跳针、断线现象
	7	明线宽窄不一致	—	—
	8	口袋不圆顺；贴袋大小不适宜	袋口封角不严；袋口严重毛出	—
	9	装饰物不平服、不牢固；绣面花型起皱，明显漏印	—	绣花漏绣；印花搭色
规格尺寸允许偏差	10	超过本标准规定 50% 以内	规格超过本标准规定 50% 及以上	规格超过本标准规定 100% 及以上
辅料	11	线、衬等辅料的色泽与面料不适应；钉扣线与纽扣的色泽不适应	里料、缝纫线等辅料的性能与面料不适应	纽扣、金属扣（包括附件等）脱落；金属件锈蚀；上述配件在洗涤试验后出现脱落或锈蚀现象
图案	12	—	—	面料倒顺毛的方向：全身顺向不一致；特殊图案顺向不一致
色差	13	表面部位色差不符合本标准规定半级	表面部位色差不符合本标准规定半级以上	—
针距	14	低于本标准规定两针及以内	低于本标准规定两针以上	—

注　1. 本表未涉及的缺陷可根据缺陷划分规则，参照表中相似缺陷酌情判定；
　　2. 凡属丢工、少序、错序的缺陷，均为严重缺陷。

任务四

围裙缝制工艺实训

一、实训项目一

根据本章所学知识为自己的妈妈设计、裁剪并制作一件围裙。

工艺要求：

（1）尺寸合理，裁剪标准。

（2）缝型运用合理，缝制平服、顺直，线迹美观。

二、实训项目二

根据表5-7中的质量标准为自己制作的围裙打分，不符合质量标准的项目请把问题填写在问题描述框里。

表 5-7　围裙质量标准评分表

项目	序号	质量标准	问题描述	评分	备注
规格（40分）	1	裙长±1.0cm			
	2	裙宽±1.0cm			
	3	颈部绑带±0.6cm			
	4	腰部绑带±0.6cm			
外观（40分）	5	缝制平服，线路顺直，无跳线、断线、线头			
	6	针迹均匀，起落针处应有回针			
	7	对称部位基本一致			
	8	绲条、压条、绑带要平服且宽窄一致			
口袋（10分）	9	口袋圆顺；贴袋大小适宜			
熨烫（10分）	10	各部件熨烫平服，面料无烫黄、水花、污渍			
总分		100分	得分		

课题名称：半身裙缝制工艺

课题内容：1. 半身裙裁片处理

2. 半身裙缝制步骤

3. 半身裙熨烫工艺

4. 半身裙工艺质量标准

5. 半身裙缝制工艺实训

课题时间：20 课时

教学目的：让学生能够熟悉半身裙的结构特征，了解半身裙的款式特点和裁剪注意事项，掌握半身裙的缝制方法和缝制工艺，以及半身裙的熨烫方法和熨烫注意事项。了解半身裙的缝制要求和外观质量要求，掌握裙装成品测量方法及规格尺寸允许偏差。

教学方式：信息化教学，课堂实践授课。

教学要求：教师理论教学 8 课时；要求学生结合实际生活分析半身裙款式特征，能够熟练掌握半身裙缝制工艺技巧和缝制要求。

课前准备：学生收集半身裙服装款式图片或实物，教师准备工艺讲解的课件和缝制半身裙的面、辅料。

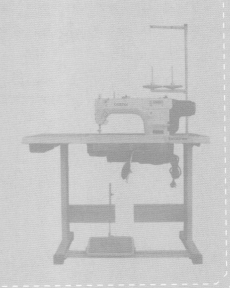

课前学习任务书

请根据表 6-1 中的图片收集一件短裙实物，分析短裙的裁片组成、制作工艺和缝型类型，并进行短裙款式图拓展练习、绘制五种以上缝型类型和分析变款短裙裁片组成。

表 6-1　课前学习任务

短裙实物图	款式图拓展练习	缝型类型	裁片组成

半身裙是一种围穿在下身的服装，是一种非常受欢迎的服装款式，其根据裙长和摆围可分为包臀裙、一步裙、紧身裙、喇叭裙等样式。常用面料主要有纯棉（C）、涤棉（TC）、羊毛（W）以及其他混纺面料等（图 6-1）。

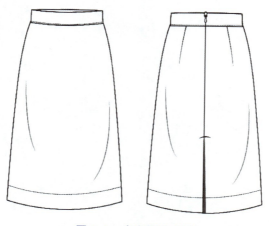

图 6-1　半身裙款式图

任务一

半身裙裁片处理

一、半身裙号型规格确认

此节以号型为 160/62A 的半身裙进行实例讲解，其号型规格见表 6-2。

表 6-2 半身裙号型规格表　　　　　　　　　　　　　　　　　单位：cm

部位	裙长	腰围	臀围	腰头宽
规格	60	64	92	3

二、半身裙用料计算

1. 面料

面料幅宽为 155cm，用量的计算公式为：用量＝裙长＋5cm。

2. 辅料

黏合衬幅宽为 100cm，需要计算用量的部位包括腰头、后开衩。

三、半身裙排料

半身裙排料图如图 6-2 所示。

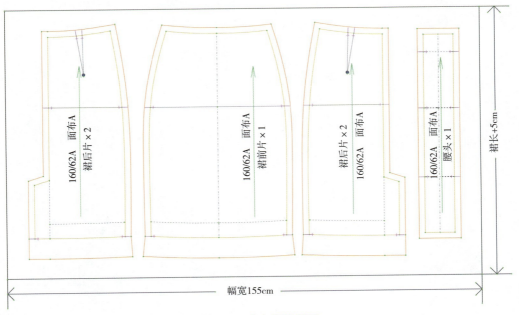

图 6-2 半身裙排料图

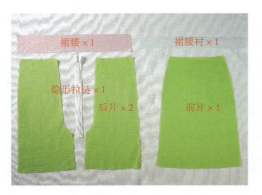

图6-3　半身裙裁片图

四、半身裙缝制准备

1. 半身裙裁片

前裙片1片、后裙片2片、裙腰1片、隐形拉链1个（图6-3）。

2. 辅料和工具

准备纸衬、隐形拉链、高温笔、布剪、纱剪、缝纫线、梭芯套、锥子等。

五、半身裙裁剪注意事项

半身裙裁剪是否到位关系到缝制过程是否顺畅，因此要注意以下三点。

（1）检查裁片数量是否完整。

（2）检查裁片布纹线是否与面料布纹线一致。

（3）检查裁片的对位点、刀口、省位是否标注并完整。

任务二

半身裙缝制步骤

半身裙的缝制步骤如下：

检查、熨烫裁片→熨烫衬→拷边→定位并熨烫缝边→缉缝腰省→缉缝后开衩→缝合侧缝→绱腰头→绱拉链→缉缝下摆→熨烫成衣→完成。详细工艺与步骤见图6-4。

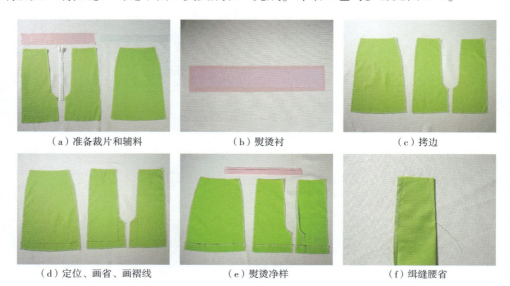

（a）准备裁片和辅料	（b）熨烫衬	（c）拷边
（d）定位、画省、画褶线	（e）熨烫净样	（f）缉缝腰省

（g）画右后片三角缝线　　　　（h）缉缝左后片裙衩缝份　　　　（i）左后片反折熨烫

（j）缉缝右后片三角　　　　（k）修剪缝边并反折熨烫　　　　（l）缝合后中片

（m）缉缝侧缝　　　　（n）做腰头　　　　（o）绱隐形拉链

（p）固定拉链头　　　　（q）反折拉链头并熨烫　　　　（r）缉缝腰头明线

（s）腰头压明线完成　　　　（t）缉缝下摆　　　　（u）正面完成图

图6-4

（v）背面完成图　　　　　　　　（w）侧面完成图

图 6-4　半身裙缝制步骤

任务三

半身裙熨烫工艺

一、熨烫步骤

半身裙的熨烫步骤如下：

反面熨烫侧缝→熨烫后中缝→熨烫下摆→熨烫开衩→正面熨烫缝份→熨烫省缝→熨烫裙身。

二、熨烫注意事项

（1）熨烫时熨斗下面要放垫布。

（2）注意布料较厚位置的熨烫，不能出现贴边印痕及亮光。

（3）裙身部位熨烫平服，保持整洁不能有褶皱。

（4）烫衬部位不能脱胶、渗胶、起皱、起泡、粘胶。

任务四

半身裙工艺质量标准

一、半身裙缝制质量要求

半身裙缝制质量要求见表 6-3。

表 6-3　半身裙缝制质量要求表

序号	部位名称	质量要求
1	裙身	（1）各部位缝制平服，线路顺直、整齐、牢固，针迹均匀，上、下线松紧适宜，无跳钱、断线，起止针处及袋口须回针缉牢； （2）对称部位基本一致； （3）裙子侧缝顺直，筒裙类产品扭曲率不大于 3%

续表

序号	部位名称	质量要求
2	缝份	（1）外露缝份须包缝，各部位缝份不小于0.8cm； （2）绲条、压条要平服，宽窄一致
3	拉链	拉链平服，左、右高低一致
4	熨烫	（1）各部位熨烫平服、整洁，无烫黄、水渍及亮光； （2）覆黏合衬部位不允许脱胶、渗胶、起皱、起泡、粘胶
5	其他	（1）成品中不得含有金属针或其他金属锐利物； （2）装饰物（绣花、镶嵌物等）牢固、平服

二、半身裙成品主要部位规格尺寸允许偏差

半身裙成品主要部位规格尺寸允许偏差见表6-4。

表6-4　成品主要部位规格尺寸允许偏差表　　　　　　　单位：cm

序号	部位名称	规格尺寸允许偏差
1	裙长	±1.5
2	腰围	±1.5
3	臀围	±2.0

三、半身裙成品主要部位规格测量方法

半身裙成品主要部位规格测量方法见表6-5。

表6-5　成品主要部位规格测量方法表

序号	部位名称	测量方法
1	裙长	由腰上口沿侧缝垂直量至裙子底边
2	腰围	扣上裙钩（纽扣）后沿腰宽中间横量（周围计算）
3	臀围	把裙子摆平，前片在上，在侧缝凸起处横量（周围计算）

注　特殊款式的半身裙尺寸测量按企业规定进行。

四、半身裙外观质量判定依据

半身裙外观质量判定依据见表6-6。

表6-6 半身裙外观质量判定依据

项目	序号	轻微缺陷	较重缺陷	严重缺陷
使用说明	1	商标不端正，明显歪斜；使用说明内容不规范	使用说明内容不正确	使用说明内容缺项
外观及缝制质量	2	—	—	使用黏合衬部位脱胶、渗胶、起皱
	3	熨烫不平服；面料有亮光	面料轻微烫黄、变色	面料变质、残破
	4	表面有轻微污渍；表面有三根及以上长于1cm的死线头	表面有明显污渍。面料大于2cm²，里料的污渍面积大于4cm²	表面有严重污渍，污渍面积大于30cm²
	5	缝制不平服，松紧不适宜；底边不圆顺；包缝后缝份小于0.8cm	表面有明显折痕；毛、脱、漏小于等于1cm；表面部位的布边针眼外露	毛、脱、漏大于1.0cm
	6	30cm内有两个单跳针；双轨线；吊带、串带各个封结、回针不牢固	连续跳针或30cm内有两个以上单跳针	链式线迹有跳针、断线现象
	7	锁眼、钉扣各个封结不牢固；扣眼位离不均匀，互差大于0.4cm；纽扣与扣眼位置互差大于0.2cm	扣眼位距离不均匀，互差大于0.6cm；纽扣与扣眼位置互差大于0.5cm（包括附件等）	—
	8	门襟（包括开衩）短于里襟0.3cm或长于里襟0.4cm以上；门襟不顺直、不平服、门襟搅豁大于3.0cm；门里襟止口反吐；裙衩不平服，不顺直，搅豁大于1.5cm	—	—
	9	拉链不平服，露牙不一致	拉链明显不平服	拉链缺齿；拉链锁头脱落
	10	省道不顺直、不平服；长短、位置互差大于0.5cm；细裥（含塔克线）不均匀，左右不对称，互差大于0.5cm；打裥裥面宽窄不一致，左右不对称	—	—
	11	腰头明显不平服、不顺直；宽窄互差大于0.3cm；止口反吐；橡筋松紧不匀；活里，没有包缝	—	—
	12	装饰物不平服、不牢固；绣面花型起皱，明显露印	—	绣花漏绣
	13	裙子侧缝扭曲率大于3%；裙子侧缝长短互差大于1.0cm	—	—

续表

项目	序号	轻微缺陷	较重缺陷	严重缺陷
辅料	14	线、村等辅料的色泽与面料不适应；钉扣线与纽扣的色泽不适应	里料、缝纫线等辅料的性能与面料不适应	纽扣、金属扣及其他附件脱落；金属件锈蚀；上述配件在洗涤试验后出现脱落或锈蚀现象
对条对格	15	超过本标准规定50%及以内	超过本标准规定50%以上	—
图案	16	—	—	面料倒顺毛的方向：全身顺向不一致；特殊图案顺向不一致

注　1. 以上各缺陷按序号逐项累计计算。

2. 本表未涉及的缺陷可根据标准规定，参照表中相似缺陷酌情判定。

3. 凡属丢工、少序、错序的缺陷，均为较重缺陷，缺件为严重缺陷。

任务五

半身裙缝制工艺实训

一、实训项目一

根据本章所学知识，用自己的尺寸设计、裁剪并制作一件半身裙。

工艺要求：

（1）尺寸合理，裁剪标准。

（2）缝型运用合理，缝制平服、顺直，线迹美观。

（3）成衣熨烫整洁，无亮光。

（4）尺寸允许偏差不能超过标准。

二、实训项目二

根据表6-7中的质量标准给自己制作的半身裙打分，不符合质量标准的项目请把问题填写在问题描述框里。

表6-7　半身裙质量标准评分表

项目	序号	质量标准	问题描述	评分	备注
规格（12分）	1	裙长±1.5cm			
	2	腰围±1.5cm			
	3	臀围±2.0cm			

项目	序号	质量标准	问题描述	评分	备注
腰头 (20分)	4	腰头平服、顺直、对称			
	5	宽窄互差小于0.3cm			
	6	止口不反吐			
	7	正面缉线无跳针			
	8	串带宽窄一致，无歪斜			
门里襟 (10分)	9	平服、长短一致			
	10	止口不反吐			
裙衩 (10分)	11	平服、顺直、不反翘			
	12	门里襟长短一致			
拉链 (10分)	13	顺直、松紧适宜			
	14	位置准确，露牙一致			
省道 褶裥 (12分)	15	顺直、平服			
	16	长短、位置互差小于0.5cm			
	17	褶裥宽窄一致，左右对称			
缝边 (8分)	18	侧缝顺直、平服			
	19	底边平整，宽窄一致			
外观 (18分)	20	整洁无跳针、针迹均匀			
	21	线路顺直，无跳线、断线			
	22	各部位整洁、无粉印			
	23	起止针及袋口有回针			
	24	各部位熨烫平服、整洁；无烫黄、水渍及亮光			
	25	覆黏合衬部位不允许脱胶、渗胶、起皱、起泡、粘胶			
总分		100分	得分		

项目七 女式休闲裤缝制工艺

课题名称： 女式休闲裤缝制工艺

课题内容： 1. 女式休闲裤裁片处理
2. 女式休闲裤缝制步骤
3. 女式休闲裤熨烫工艺
4. 女式休闲裤工艺质量标准
5. 女式休闲裤缝制工艺实训

课题时间： 40 课时

教学目的： 让学生能够熟悉女式休闲裤结构特征，了解女式休闲裤款式特点和裁剪注意事项，掌握女式休闲裤的缝制方法和缝制工艺，以及女式休闲裤的熨烫方法和熨烫注意事项。了解女式休闲裤的缝制要求和外观质量要求，掌握女式休闲裤成品测量方法及规格尺寸允许偏差。

教学方式： 信息化教学，课堂实践授课。

教学要求： 教师理论教学 13 课时；要求学生结合实际生活分析女式休闲裤款式特征，熟悉女式休闲裤部件结构特点，能够熟练掌握女式休闲裤缝制工艺等技巧，以及熟练掌握女式休闲裤的熨烫工艺要求和技巧。

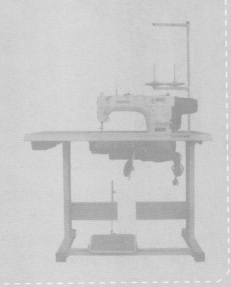

课前准备： 学生收集女式休闲裤服装款式图片或实物，教师准备工艺讲解课件和缝制女式休闲裤的面、辅料。

课前学习任务书

请根据表 7-1 中的图片收集一件休闲裤实物，分析休闲裤的裁片组成、制作工艺和缝型类型，并进行休闲裤款式图拓展练习、绘制五种以上缝型类型和分析变款休闲裤裁片组成。

表 7-1　课前学习任务

休闲裤实物图	款式图拓展练习	缝型类型	裁片组成

休闲裤是一种与正装裤相对的裤装款式，就是穿起来比较休闲随意的裤装。广义上的休闲裤包含了一切在非正式商务、政务、公务等场合穿着的裤装。现实生活中的休闲裤主要是指以西裤为模板，但在面料、板型方面比西裤更加随意和舒适，颜色更加丰富多变的裤子。休闲裤的面料舒适，款式简约百搭。虽然男式休闲裤的裤型不像女式休闲裤的裤型那样多变，但是仍然有着自己的变化（图 7-1）。

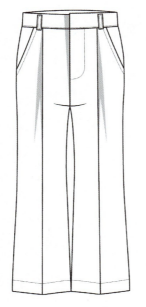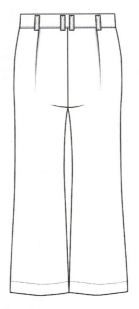

图7-1　女式休闲裤款式图

任务一

女式休闲裤裁片处理

一、女式休闲裤号型规格确认

此节以号型为160/66A的女式休闲裤进行实例讲解，其号型规格见表7-2。

单位：cm

表7-2　女式休闲裤号型规格表

部位	裤长	腰围	臀围	上裆长	腰头宽	脚口围
规格	100	68	96	29	3	20

二、女式休闲裤用料计算

1. 面料

面料幅宽为155cm，用量的计算公式为：用量＝裤长+腰头宽+部件长度+5cm。

2. 辅料

黏合衬幅宽为100cm，需要计算用量的部位包括腰头、门襟。

三、女式休闲裤排料

女式休闲裤排料图见图7-2。

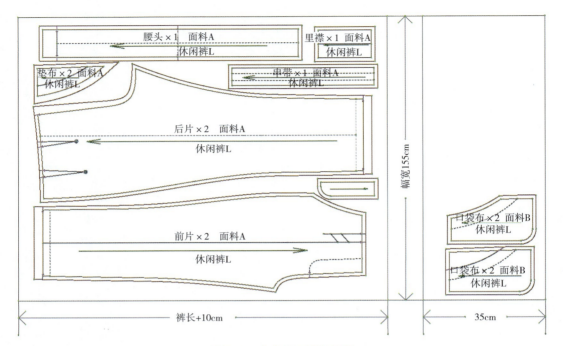

图 7-2　女式休闲裤排料图

四、女式休闲裤缝制准备

1. 女式休闲裤裁片

准备前裤片 2 片、后裤片 2 片、裤腰 1 片、门襟 1 片、里襟 1 片、口袋布 2 片、垫布 1 片、裤衬 1 片（图 7-3）。

图 7-3　女式休闲裤裁片图

2. 辅料和工具

准备纸衬、高温笔、布剪、纱剪、缝纫线、手缝针、梭芯套、锥子等。

五、女式休闲裤裁剪注意事项

女式休闲裤裁剪是否到位关系到缝制过程是否顺畅，因此要注意以下三点。

（1）检查裁片数量是否完整。

（2）检查裁片布纹线是否与面料布纹线一致。

（3）检查裁片的对位点、刀口、省位是否标注并完整。

<h2 style="text-align:center">任务二</h2>

<h1 style="text-align:center">女式休闲裤缝制步骤</h1>

女式休闲裤的缝制步骤如下：

检查、熨烫裁片→熨烫衬→拷边→定省、褶位→缝合贴布和口袋→缝合口袋和裤片→缉斜插袋明线和固定褶→缝合前片窿门弧线→做门襟拉链→缉后片省并缝合后窿门弧线→缝合侧缝合下裆弧线→绱腰头→完成。详细工艺与步骤见图7-4。

（a）准备裁片和辅料	（b）熨烫衬	（c）拷边
（d）定位、画省、画褶线	（e）做口袋（参考口袋缝制工艺）	（f）缝合口袋
（g）压口袋明线和固定褶	（h）定位并缝合前窿门弧线	（i）做门襟拉链（参考拉链缝制工艺）

图 7-4

（j）缝合后片省　　　　　（k）缝合后窿门弧线和后裆弧线　　　　（l）缝合侧缝和下裆弧线

（m）熨烫缝份和脚口　　　　　（n）缉缝腰头　　　　　（o）缝合腰头

（p）缉缝腰头明线　　　　　（q）做裤袢　　　　　（r）裤袢定位

（s）裁剪裤袢　　　　　（t）缉缝串带和脚口，完成缝制

图 7-4　女式休闲裤缝制步骤

任务三

女式休闲裤熨烫工艺

一、熨烫步骤

1. 熨烫腰头

熨烫腰头时要注意裤袢、门里襟、拉链头和卡扣的熨烫，不能压烫，防止出现"极光"现象等问题。

2. 熨烫裤子反面

把裤子反面翻过来，缝份分开熨烫，熨烫时拉紧裤片，借助烫架熨烫前后窿门，熨烫口袋、褶、腰省和裤腰反面。

3. 熨烫裤子正面

熨烫时要把裤子摊平，侧缝线和下裆弧线对齐，腰头放左边，脚口放在右边，从右向左熨烫，先熨烫底层再熨烫上层，需要熨烫出烫迹线。注意在熨烫上半部分时根据人体特征要把臀部烫出胖势，同时正面熨烫一定要放垫布，防止面料烫黄和极光现象。

二、熨烫注意事项

（1）熨烫时熨斗下面要放垫布。

（2）注意布料较厚位置的熨烫，不能出现印痕及亮光。

（3）裤子熨烫要平服，保持整洁不能有褶皱。

（4）烫衬部位不能脱胶、渗胶、起皱、起泡、粘胶。

（5）熨烫前、后窿门弧线时要用烫架进行辅助。

任务四

女式休闲裤工艺质量标准

一、女式休闲裤缝制质量要求

女式休闲裤缝制质量要求见表7-3。

表7-3　女式休闲裤缝制质量要求表

序号	部位名称		质量要求
1	裤身		（1）缝线顺直、整齐、平眼； （2）表面部位无毛、脱、漏，无连根线头； （3）上、下线松紧适宜；起落针处应有回针（省尖处可不回针，留有1～1.5cm线头）；底线不得外露； （4）明线与链式线迹不允许跳针、断线、连接，其他缝纫线迹30cm内不得有连续跳针或一处以上单跳针，不得脱线； （5）裤身平服，裤脚平直
2	拉链		拉链平服；拉链的宽窄互差小于0.3cm
3	口袋	袋口	（1）侧缝袋口下端打结处向上5cm与向下10cm之间、下裆缝中裆以上、后裆缝以及小裆缝处绱两道线，或用链式线迹缝制； （2）袋口的两端封口应牢固、整洁
		袋布	袋布的垫料要折光边或包缝；袋布垫底缝制平服；袋布缝制牢固，无脱、漏

序号	部位名称		质量要求
4	锁眼		锁眼定位准确，大小适宜，无跳线、开线，纱线无绽出；纽扣与扣眼对位，钉扣牢固；纽脚高度适宜，线结不外露
5	纽扣		钉扣绕脚线高度与止口厚度相适应
6	缝份		缝份宽度不小于0.8cm（开袋、门襟止口除外）
7	腰头		腰头的面、里、衬平服，松紧适宜；腰里不反吐，缉腰圆顺
8	门、里襟		门襟不短于里襟；门、里襟长短互差不大于0.3cm；门襟止口不反吐；缝合松紧适宜
9	前、后裆		前、后裆缝制圆顺、平服；裆底十字缝互差不大于0.3cm
10	串带		串带牢固，长短互差不大于0.4cm，位置准确、对称，其宽窄、左右、高低互差不大于0.2cm，袋盖不小于袋口
11	省道		省道长短一致、左右对称，互差不大于0.5cm；裙裥不豁开
12	袋盖		后袋盖圆顺、方正、平服，袋口无毛露；袋盖里不反吐，嵌线宽窄小于0.2cm；袋盖面积不小于袋口
13	裤腿	裤腿长	两裤腿长短互差不大于0.5cm，肥瘦互差不大于0.3cm
		脚口	两脚口大小互差不大于0.3cm，贴脚条止口外露；裤脚口错位互差不大于1.5cm，裤脚边缘顺直
14	熨烫		(1) 各部位熨烫平服、整洁，无烫黄、水渍、亮光；烫迹顺直，臀部圆顺，裤脚平直； (2) 覆黏合衬部位不允许脱胶、渗胶、起皱及起泡，各部位表面不允许粘胶

二、女式休闲裤成品主要部位规格尺寸允许偏差

女式休闲裤成品主要部位规格尺寸允许偏差见表7-4。

表7-4　成品主要部位规格尺寸允许偏差表　　　　　　　单位：cm

序号	部位名称	规格尺寸允许偏差
1	裤长	±1.5
2	腰围	±1.0

三、女式休闲裤成品主要部位规格测量方法

女式休闲裤成品主要部位规格测量方法见表7-5。

表 7-5　成品主要部位规格测量方法表

序号	部位名称	测量方法
1	裤长	前后裤子上下拉齐，由腰头上止口垂直量至脚口
2	腰围	拉好拉链，扣好纽扣，前后裙身放平，在腰头处横量（周围计算）

四、女式休闲裤外观质量判定依据

女式休闲裤外观质量判定依据见表 7-6。

表 7-6　女式休闲裤外观质量判定依据

项目	序号	轻微缺陷	较重缺陷	严重缺陷
外观及缝制质量	1	针距低于本标准规定 2 针以内（含 2 针）	针距低于本标准规定 2 针以上	—
	2	缝制线路不顺直、不整齐、不平服	1、2 号部位缝纫线路严重歪曲	—
	3	表面有三根及以上大于 1cm 的连根线头	表面部位毛、脱、漏	表面部位毛脱、漏，严重影响使用和美观
	4	上下线松紧不适宜；起落针处无回针或省尖处未留有 1～1.5cm 线头；3 号部位底线外留	1、2 号部位底线明显外露	—
	5	缝纫线迹 30cm 内有两处单跳或连续跳针；明线连接	明线或链式线迹跳针；明线双轨	明暗线或链式线迹断线、脱线（装饰线除外）
	6	袋口两端封口不整洁；垫料未折光边或包缝；袋布垫底不平服	袋口两端封口不牢固	袋布脱、漏
	7	侧缝袋口下端打结处向上 5cm 与向下 10cm 之间未缉两道线或未用链式线迹缝制	下裆缝中裆线以上、后裆缝、小裆缝未缉两道线或未用链式线迹缝倒	—
	8	绱拉链不平服。绱拉链宽窄互差大于 0.3cm	—	—
	9	缝份宽度小于 0.8cm（开袋、门襟止口除外）	缝份宽度小于 0.5cm（开袋、门襟止口除外）	—
	10	锁眼偏斜；锁眼间距互差大于 0.3cm；锁眼偏斜大于 0.2cm；锁眼纱线绽出	锁眼跳、开线；锁眼毛漏	锁眼漏开眼
	11	扣与眼位互差大于 0.2cm；钮脚高低不适宜；线结外露	扣与眼位互差大于 0.5cm；钉扣不牢固	—

项目	序号	轻微缺陷	较重缺陷	严重缺陷
外观及缝制质量	12	钉扣绕脚线高度与止口厚度不适应	—	—
	13	腰头面、里、衬不平服，松紧不适宜；腰里明显反吐；绱腰不圆顺	—	—
	14	门襟短于里襟；门襟长短互差大于0.3cm；门襟止口反吐；门襟缝合松紧不适宜	—	—
	15	前、后裆不圆顺、不平服；裆底十字缝错位互差大于0.3cm	—	—
	16	串带长短互差大于0.4cm，宽窄、左右、高低互差大于0.2cm	串带不牢固（一端掀起）	—
	17	袋位高低、袋口大小互差大于0.3cm，袋口不顺直或不平服	—	—
	18	后袋盖不圆顺、不方正、不平服；袋盖里明显反吐；嵌线宽度大于0.2cm；袋盖小于袋口0.3cm以上	袋口明显毛露	—
	19	省道长短，左右不对称，互差大于0.5cm；褶裥豁开	—	—
	20	两裤腿长短大于0.5cm，肥瘦互差大于0.3cm	两裤腿长短或肥瘦互差大于0.8cm	—
	21	两脚口大小不一致，互差大于0.3cm；贴脚条止口不外露	两脚口大小不一致，互差大于0.6cm	—
	22	裤脚错位互差大于1.5cm；裤脚口边缘不顺直；裙底边不圆顺	裤脚口互差大于2cm	—
	23	商标、耐久性标签位置不端正、不平服	—	—
规格尺寸允许偏差	24	规格偏差超过本标准规定50%及以内	规格偏差超过本标准规定50%以上	规格偏差超过本标准规定100%以上

续表

项目	序号	轻微缺陷	较重缺陷	严重缺陷
辅料及附件	25	辅料的色泽、色调与面料不相适应	辅料的性能与面料不适应。拉链不顺滑	纽扣、附件脱落；纽扣、装饰扣及其他附件表面不光洁、有毛刺、有缺陷、有残疵、有可触及锐利尖端和锐利边缘；拉链齿合不良；14 周岁以下男童门襟拉链处无力贴（襟）
经纬纱向	26	纱向歪斜超过本标准规定50%及以内	纱向歪斜超过本标准规定50%以上	—
对条对格	27	对格对条超过本标准规定50%及以内	对格对条超过本标准规定50%以上	面料倒顺毛，全身倾向不一致
拼接	28	—	拼接不符合 3.6 规定	—
色差	29	表面部位色差超过本标准规定的半级以内；衬布影响色差低于3~4级	表面部位色差超过本标准规定的半级以上；衬布影响色差低于3级	—
使用说明	30	内容不规范	—	—
整烫	31	熨烫不平服；烫迹线不顺直；臀部不圆顺；裤脚未烫直；缝子未烫开	轻微烫黄；变色；亮光	烫黄，变质，严重影响使用和美观
	32	—	—	使用黏合衬部位有严重脱胶、渗胶、起皱、起泡。表面部位粘胶

注　1. 本表未涉及的缺陷可根据标准规定，参照表中相似缺陷酌情判定。
　　2. 凡属丢工、少序、错序的缺陷，均为严重缺陷。

任务五

女式休闲裤缝制工艺实训

一、实训项目一

根据本章所学知识，用自己的尺寸设计、裁剪并制作一条女式休闲裤。

工艺要求：

（1）尺寸合理，裁剪标准。

（2）缝型运用合理，缝制平服、顺直，线迹美观。

（3）成衣熨烫整洁，无亮光。

（4）尺寸允许偏差不能超过标准。

二、实训项目二

根据表7-7中的质量标准给自己制作的女式休闲裤打分，不符合质量标准的项目把问题填写在问题描述框里。

表7-7　女式休闲裤质量标准评分表

项目	序号	质量标准	问题描述	评分	备注
规格 （12分）	1	裤长±1.5cm			
	2	腰围±1.0cm			
	3	臀围±2.0cm			
腰头 （20分）	4	腰头平服、顺直、对称			
	5	宽窄互差小于0.3cm			
	6	止口不反吐			
	7	正面缉线无跳针			
	8	串带宽窄一致，无歪斜			
门里襟 （8分）	9	平服、长短一致			
	10	止口不反吐			
口袋 （10分）	11	袋口两端封口牢固、整洁			
	12	垫布包缝或折边，缝制牢固，无脱、漏			
拉链 （10分）	13	平服、松紧适宜			
	14	位置准确，露牙一致			
省道 褶裥 （9分）	15	顺直、平服			
	16	长短、位置互差小于0.5cm			
	17	褶裥宽窄一致，不豁开			
锁眼 （6分）	18	定位准确，大小适宜，无跳线、开线，纱线无绽出			
	19	丁扣牢固，钮脚高低适宜；线结不外露			
缝份 （4分）	20	不小于0.8cm（开袋、门襟止口除外）			
外观 （21分）	21	整洁无跳针、针迹均匀			
	22	线路顺直，无跳线、断线			
	23	各部位整洁、无粉印			

项目	序号	质量标准	问题描述	评分	备注
外观 （21分）	24	两裤腿长短互差不大于 0.5cm，肥瘦互差不大于 0.3cm			
	25	两脚口大小互差不大于 0.3cm			
	26	各部位熨烫平服、整洁，无烫黄、水渍及亮光			
	27	覆黏合衬部位不允许脱胶、渗胶、起皱、起泡、粘胶			
总分		100 分	得分		

男式衬衫缝制工艺

项目八

课题名称： 男式衬衫缝制工艺

课题内容： 1. 男式衬衫裁片处理

2. 男式衬衫缝制步骤

3. 男式衬衫熨烫工艺

4. 男式衬衫工艺质量标准

5. 男式衬衫缝制工艺实训

课题时间： 40 课时

教学目的： 让学生能够熟悉男式衬衫结构特征，了解男式衬衫款式特点和裁剪注意事项，掌握男式衬衫的缝制方法和缝制工艺，以及男式衬衫的熨烫方法和熨烫注意事项。了解男式衬衫的缝制要求和外观质量要求，掌握男式衬衫成品测量方法及规格尺寸允许偏差。

教学方式： 信息化教学，课堂实践授课。

教学要求： 教师理论教学 12 课时；要求学生结合实际生活分析男式衬衫款式特征，熟悉男式衬衫部件结构特点，能够熟练掌握男式衬衫缝制工艺等技巧，以及熟练掌握男式衬衫的熨烫工艺要求和技巧。

课前准备： 学生收集男式衬衫服装款式图片或实物，教师准备工艺讲解课件和缝制男式衬衫的面、辅料。

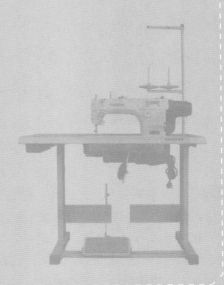

课前学习任务书

请根据表8-1中的图片收集一件男式衬衫实物，分析衬衫的裁片组成、制作工艺和缝型类型，并进行衬衫款式图拓展练习、绘制五种缝型类型和分析变款衬衫裁片组成。

表8-1　课前学习任务

男式衬衫实物图	款式图拓展练习	缝型类型	裁片组成

衬衫种类繁多，可以在正式场合穿着，也可以作为休闲装穿着。衬衫一般由前、后衣片，以及育克（覆肩或过肩）、袖子、衣领等部件组合而成，面料主要以纯棉、混纺面料为主，注重舒适性。衬衫板型有修身和宽松之分，外穿多为修身板型，内穿多为宽松板型。图8-1中的男式衬衫兼顾内、外穿着，偏商务风格，衣领是分体翻领，衣身左前片有一个胸袋，门襟处有七颗纽扣，后衣身有两个省、育克，下摆为弧形，衣袖为一片式长袖，袖口有一个褶裥和袖克夫，开衩处为宝剑头袖衩，缝有两颗纽扣。

图 8-1　男式衬衫款式图

任务一

男式衬衫裁片处理

一、男式衬衫号型规格确认

此节以号型为 170/88A 的男式衬衫进行实例讲解，其号型规格见表 8-2。

表 8-2　男式衬衫号型规格表　　　　　　　　　　单位：cm

号型	胸围	腰围	衣长	肩宽	袖长	领宽
170/88A	98	92	75	46	60	15.5

二、男式衬衫用料计算

1. 面料
面料幅宽为 155cm，用量计算公式为：用量 = 衣长 + 袖长 + 部件长度 + 5cm。

2. 辅料
黏合衬幅宽为 100cm，需要计算用量的部位包括门襟、领面、领底、袖头、大小袖衩。

三、男式衬衫排料

男式衬衫排料图如图 8-2 所示。

四、男式衬衫缝制准备

1. 男式衬衫裁片
前衣片 2 片、后衣片 1 片、过肩 2 片、门襟 1 片、口袋 1 片、袖子 2 片、袖克夫 4 片、宝剑头袖衩 2 片、牵条 2 片、翻领面 2 片、领底 2 片（图 8-3）。

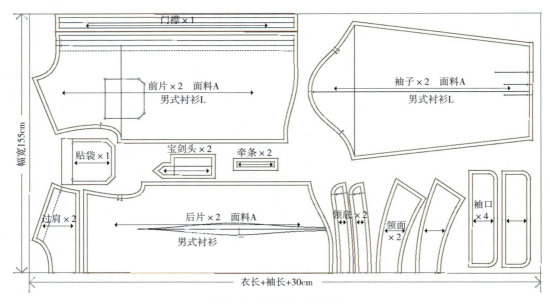

图8-2 男式衬衫排料图

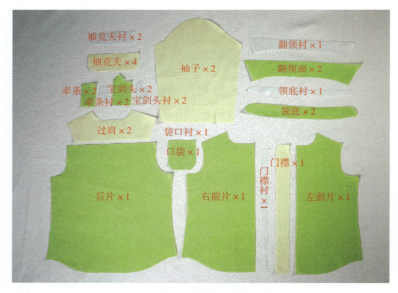

图8-3 男式衬衫裁片图

2. 辅料和工具

准备纸衬、纽扣、高温笔、布剪、纱剪、缝纫线、手缝针、梭芯套、锥子等。

五、男式衬衫裁剪注意事项

男式衬衫裁剪是否到位关系到缝制过程是否顺畅，因此要注意以下三点。

（1）检查裁片数量是否完整。

（2）检查裁片布纹线是否与面料布纹线一致。

（3）检查裁片的对位点、刀口、省位是否标注并完整。

男式衬衫缝制步骤

男式衬衫的缝制步骤如下：

检查、熨烫裁片→熨烫衬→熨烫实样→做衣领→做袖开衩→车缝贴袋→做门襟→缝合过肩→缝合袖子、袖山→缝合侧缝→绱袖头→缝合下摆→钉纽扣→完成。详细工艺与步骤见图8-4。

（a）准备裁片和辅料　　　　　（b）熨烫衬　　　　　（c）熨烫实样

（d）定袋口位、画净样　　　（e）做衣领（参考衣领缝制工艺）　　（f）做宝剑头袖开衩（参考开衩缝制工艺）

（g）缉缝袖口褶　　　（h）缝合袖克夫并修剪缝份　　　（i）缉缝贴袋

（j）缉缝门襟（参考门襟缝制工艺）　　（k）缉后片"工"字褶　　　（l）缝合过肩和后片

图8-4

（m）过肩压0.1cm明线　　　　　（n）缝合过肩和前片　　　　　（o）缝合另一片过肩

（p）过肩压0.1cm明线　　　　　（q）袖山和袖窿定位　　　　　（r）缝合袖山和袖窿

（s）缝合侧缝　　　　　（t）另一边袖山、袖窿拷边　　　　　（u）按顺序拷边

（v）绱衣领　　　　　（w）绱袖克夫　　　　　（x）缉缝下摆

（y）完成图

图8-4　男式衬衫缝制步骤

任务三

男式衬衫熨烫工艺

一、熨烫步骤

1. 熨烫衣领

先熨烫领里，再熨烫领面，熨烫时拉紧领里，使熨烫好的衣领呈现平服、立体效果，熨烫时借助烫架。

2. 熨烫衣袖

首先把袖口摆平熨烫，袖口褶裥摆齐熨烫。接下来烫袖侧缝，熨烫时要拉紧，用熨斗横推熨烫。袖山用烫架辅助熨烫。

3. 熨烫门襟

熨烫时要拉紧面料两边横推熨烫，熨烫正面时下方要放垫布，防止面料烫黄和极光现象，纽扣不可以熨烫。

4. 熨烫衣身

首先熨烫后片，把衬衫放平，衣领放在左手边，衣身摆放在右手边熨烫，并把褶裥熨烫好。接下来熨烫前片，把纽扣扣好后放平，进行整体熨烫。

二、熨烫注意事项

（1）熨烫时熨斗下面要放垫布。
（2）注意布料较厚位置的熨烫，不能出现印痕及亮光。
（3）衣身部位熨烫平服，保持整洁不能有褶皱。
（4）烫衬部位不能脱胶、渗胶、起皱、起泡、粘胶。
（5）熨烫弧线及转折处要用烫架进行辅助。

任务四

男式衬衫工艺质量标准

一、男式衬衫缝制质量要求

男式衬衫缝制质量要求见表8-3。

表 8-3　男式衬衫缝制质量要求表

序号	部位名称		质量要求
1	衣身		（1）各部位缝制平服，线迹顺直、整齐、牢固，针迹均匀； （2）上、下线松紧适宜，无跳线、断线，起落针处应有回针； （3）各部位 30cm 内不得有连续跳针或一处以上单跳针，链式线迹不允许跳线
2	衣领		衣领平服，两角长短一致，互差不大于 0.2cm，并有窝势；领面、领里和衬料松紧适宜，衣领各部位不允许跳针，领尖不反翘
3	衣袖	袖山	绱袖圆顺，吃势均匀，两袖前后基本一致，袖山无皱、无褶
		袖头	袖头对称，宽窄一致，止口明线顺直，缝合部位均匀、平整、无歪斜
		袖衩	袖口褶裥均匀，宝剑头缝制规范
4	锁眼		锁眼定位准确、大小适宜，两端封口，开眼处无绽线
5	纽扣		钉扣与眼位相对应，整齐牢固；缠脚线高低适宜，线结不外露，钉扣线不脱散
6	熨烫		各部位熨烫平服，无烫黄、水花、污渍，无线头，整洁美观
7	其他		成品中不得含有金属针或其他金属锐利物

二、男式衬衫成品主要部位规格尺寸允许偏差

男式衬衫成品主要部位规格尺寸允许偏差见表 8-4。

表 8-4　成品主要部位规格尺寸允许偏差表　　　　　　单位：cm

序号	部位名称		规格尺寸允许偏差
1	领大		±0.6
2	衣长		±1.0
3	袖长	连肩袖	±1.2
		圆袖	±0.8
4	短袖长		±0.6
5	胸围		±2.0
6	总肩宽		±0.8

三、男式衬衫成品主要部位规格测量方法

男式衬衫成品主要部位规格测量方法见表 8-5。

表 8-5　成品主要部位规格测量方法

序号	部位名称	测量方法
1	领围	衣领摊平横量，单立领量扣中到眼中的距离，翻折领量下口，翻折立领量上领下口

序号	部位名称		测量方法
2	衣长		平摆衬衫：前后身底边拉齐，由领侧最高点垂直量至底边； 圆摆衬衫：由后领窝中点垂直量至底边
3	长袖长	连肩袖	由后领窝中点经衣袖最高点量至袖头边
		圆袖	由衣袖最高点垂直量至袖头边
4	短袖长		由衣袖最高点量至袖口边
5	胸围		扣好纽扣，前后身放平（后折拉开）在袖底缝处横量（周围计算）
6	总肩宽		由过肩两端、后领窝向下 2.0~2.5cm 处为定点水平测量

四、男式衬衫外观质量判定依据

男式衬衫外观质量判定依据见表8-6。

表8-6 男式衬衫外观质量判定依据表

项目	序号	轻微缺陷	较重缺陷	严重缺陷
外观及缝制质量	1	商标和耐久性标签不端正、不平服，明显歪斜	—	—
	2	—	—	使用黏合衬部位脱胶，外表渗胶、起皱、起泡及沾胶
	3	熨烫不平服；有光亮	面料轻微烫黄；变色	面料变质、残破
	4	—	—	成品内含有金属针或其他金属锐利物
	5	领型左右不一致，折叠不端正，互差 0.6cm 以上；领窝、门襟轻微起兜；底领外露；胸袋、袖头不平服、不端正	领窝、门襟严重起兜	—
	6	表面有连根线长 1cm；纱毛长 1.5cm，两根以上有轻度污渍，污渍面积小于或等于 2cm²；水花小于或等于 4cm²	有明显污渍，污渍面积大于 2cm²，水花大于 4cm²	—
	7	衣领不平服，领面松紧不适宜；豁口重叠	领尖反翘	—

项目	序号	轻微缺陷	较重缺陷	严重缺陷
外观及缝制质量	8	缝线不顺直；止口宽窄不均匀、不平服；接线处明显双轨长大于1cm；起落针处没有回针；毛、脱、漏小于或等于1cm；30cm内有两处单跳针；上、下线松紧轻度不适宜	毛、脱、漏大于1cm，或小于等于2cm；衣领部位有跳针；30cm内有连续跳针或两次以上单跳针；上、下线松紧严重不适宜	毛、脱、漏大于2cm；链式线迹跳线
	9	衣领止口不顺直，止口反吐；领尖长短不一致，互差大于或等于0.3cm；绱领不平服；绱领偏斜大于或等于0.6cm	领尖长短互差大于0.5cm；绱领偏斜大于或等于1cm；绱领严重不平服；衣领部位有接线、跳线	领尖毛出
	10	压领线：宽窄不一致；反面线距大于0.4cm	—	—
	11	盘头：探出0.3cm；止口反吐、不整齐	—	—
	12	门、里襟不顺直；门、里襟长短互差大于或等于0.4cm	门、里襟长短互差大于或等于0.7cm	—
	13	针眼外露	钉眼外露	—
	14	口袋歪斜；口袋不方正、不平服；绱线明显宽窄不一致；双口袋高低差大于0.4cm	左、右口袋距扣眼中心互差大于0.6cm	—
	15	绣花：针迹不整齐，轻度漏印迹	严重漏印迹；绣花不完整	—
	16	袖头：左、右不对称，止口反吐；宽窄互差大于0.3cm，长短互差大于0.6cm	—	—
	17	褶（后身衣褶）：互差大于0.8cm，不均匀、不对称	—	—
	18	大小袖衩的长短互差大于0.5cm；左右袖衩的长短互差大于0.5cm；袖衩的封口歪斜	—	—
	19	绱袖不圆顺；袖山吃势不均匀；袖窿不平服	—	—
	20	两袖长短互差大于或等于0.6cm	两袖长短互差大于或等于0.9cm	—

项目	序号	轻微缺陷	较重缺陷	严重缺陷
外观及缝制质量	21	十字缝；互差大于 0.5cm	—	—
	22	肩、袖隆、袖缝、侧缝的合缝不均匀，倒向不一致；两小肩大小互差大于 0.4cm	两小肩大小互差大于 0.8cm	—
	23	省道不顺直；尖部起兜；前后长短不一致，互差大于或等于 1cm	—	—
	24	锁眼间距互差大于或等于 0.5cm；偏斜大于或等于 0.3cm，纱线绽出	锁眼跳线、开线、毛漏	—
	25	纽扣与扣眼位置互差大于或等于 0.4cm；线结外露	针扣线易脱教	—
	26	底边宽窄不一致，不顺直，轻度倒翘，圆摆明显起裂	严重倒翘	—
规格尺寸允许偏差	27	超过本标准规定 50% 以内	超过本标准规定 50% 及以上	超过本标准规定 100% 及以上
辅料	28	线、绳条、衬等辅料的性能与面料不适应；针扣的线与扣的颜色不适宜；装饰物不平服、不牢固	—	纽扣、附件脱落；纽扣、装饰扣及其他附件表面不光洁、有毛刺、有缺损、有残疵、有可触及锐利尖端和锐利边缘
经纬纱向	29	超过本标准规定 50% 以内	超过本标准规定 50% 及以上	—
对条对格	30	超过本标准规定 50% 以内	超过本标准规定 50% 及以上	—
图案	31	—	—	面料倒顺毛的方向：全身顺向不一致；特殊图案或顺向不一致
色差	32	表面部位色差不符合本标准规定半级	表面部位色差不符合本标准规定半级以上	—
针距	33	低于本标准规定 2 针及以内	低于本标准规定 2 针以上	—

注 1. 本表未涉及的缺陷可根据标准规定，参照表中相似缺陷酌情判定。
2. 凡属丢工、少序、错序的缺陷，均为严重缺陷。

任务五

男式衬衫缝制工艺实训

一、实训项目一

根据本章所学知识，为自己家中的男性设计、裁剪并制作一件衬衫。

工艺要求：

（1）尺寸测量准确，排料合理，裁剪标准。

（2）缝型运用合理，缝制平服、顺直，线迹美观。

（3）成衣熨烫整洁，无亮光。

（4）尺寸允许偏差不能超过标准。

二、实训项目二

根据表 8-7 中的质量标准给自己制作的衬衫打分，不符合质量标准的项目请把问题填写在问题描述框里。

表 8-7　男式衬衫质量标准评分表

项目	序号	质量标准	问题描述	评分	备注
规格 （14 分）	1	领围±0.6cm			
	2	衣长±1.0cm			
	3	连肩袖±1.2cm			
		圆袖±0.8cm			
		短袖±0.6cm			
	4	胸围±2.0cm			
	5	总肩宽±0.8cm			
领子 （20 分）	6	衣领平服，领面松紧适宜			
	7	衣领止口顺直不反吐，领角左右对称互差 0.3cm 以下			
	8	领底不外露，领窝不起兜			
	9	压领线宽窄一致			
衣袖 （16 分）	10	绱袖圆顺，袖山吃势均匀，袖窿平服			
	11	两袖长短互差小于 0.6cm			
	12	袖头左右对称；止口不反吐；宽窄互差小于 0.3cm，长短互差小于 0.6cm			

项目	序号	质量标准	问题描述	评分	备注
衣袖 （16 分）	13	大小袖衩的长短互差小于0.5cm；左右袖衩的长短互差小于0.5cm；袖衩的封口顺直			
门襟 （8 分）	14	顺直，止口不反吐			
	15	长短互差小于等于 0.4cm			
省道、 褶裥 （12 分）	16	顺直、平服，尖部不起兜			
	17	长短、位置互差小于 1cm			
	18	褶裥宽窄一致，左右对称			
缝份 （8 分）	19	侧缝顺直、平服			
	20	底边平整，宽窄一致，不倒翘			
口袋 （4 分）	21	方正、平服、不歪斜；缉线宽窄一致			
其他 （18 分）	22	各部位整洁，无粉印			
	23	起止针及袋口有回针			
	24	锁眼互差小于 0.5cm			
	25	纽扣与扣眼位置互差小于0.4cm，线结不外露			
	26	各部位熨烫平服、整洁，无烫黄、水渍及亮光			
	27	覆黏合衬部位无脱胶、渗胶、起皱、起泡、粘胶			
总分		100 分	得分		

课题名称： 连衣裙缝制工艺

课题内容： 1. 连衣裙裁片处理

2. 连衣裙缝制步骤

3. 连衣裙熨烫工艺

4. 连衣裙工艺质量标准

5. 连衣裙缝制工艺实训

课题时间： 40 课时

教学目的： 让学生能够熟悉连衣裙结构特征，了解连衣裙款式特点和裁剪注意事项，掌握连衣裙的缝制方法和缝制工艺，以及连衣裙的熨烫方法和熨烫注意事项。了解连衣裙的缝制要求和外观质量要求，掌握连衣裙成品测量方法及规格尺寸允许偏差。

教学方式： 信息化教学，课堂实践授课。

教学要求： 教师理论教学 4 课时；要求学生结合实际分析连衣裙款式特征，熟悉连衣裙部件结构特点，能够熟练掌握连衣裙缝制工艺等技巧，以及熟练掌握连衣裙熨烫工艺要求和技巧。

课前准备： 学生收集连衣裙服装款式图片或实物，教师准备工艺讲解课件和缝制的连衣裙面、辅料。

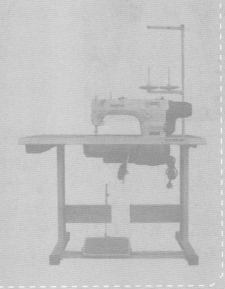

课前学习任务书

请根据表9-1中的图片收集一件连衣裙实物，分析连衣裙的裁片组成、制作工艺和缝型类型，并进行连衣裙款式图拓展练习、绘制五种缝型类型和分析变款连衣裙裁片组成。

表9-1　课前学习任务

连衣裙实物图	款式图拓展练习	缝型类型	裁片组成

连衣裙泛指上衣和裙子连在一起的服装，是受女性喜爱的服装款式，具有简洁大方的外观，常见的样式有直身裙、A字裙、露背裙、吊带裙、公主裙等。连衣裙一般由前、后衣片以及衣袖、衣领、裙子等部件组合而成。夏季连衣裙的面料主要以纯棉、真丝、雪纺为主，注重舒适性，板型有修身和宽松之分。图9-1中的连衣裙腰部采用分割设计，无领，袖型为泡泡短袖，前、后衣身各有两个省，后衣片装有隐形拉链，下摆为荷叶边。

图 9-1　连衣裙款式图

任务一

连衣裙裁片处理

一、连衣裙号型规格确认

此节以号型为 160/84A 的连衣裙进行实例讲解，其号型规格见表 9-2。

表 9-2　连衣裙号型规格表　　　　　　　　　单位：cm

部位	衣长	胸围	腰围	肩宽	袖长	领围	前腰节长	裙长
规格	108	92	74	39	22	36	39	70

二、连衣裙用料计算

1. 面料

面料幅宽为 155cm，用量的计算公式为：用量 = 衣长 +15cm。

2. 辅料

黏合衬幅宽为 100cm，需要计算用量的部位包括贴边、袖口。

三、连衣裙排料

连衣裙排料图见图 9-2。

四、连衣裙缝制准备

1. 连衣裙裁片

准备裙身前片 1 片、裙身后片 2 片、袖片 2 片、袖头 2 片、裙摆前片 1 片、裙摆后片 2 片、前贴边 1 片、后贴边 2 片（图 9-3）。

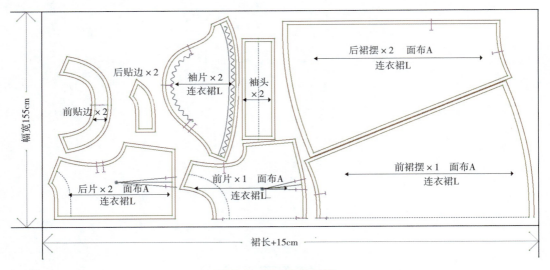

图 9-2　连衣裙排料图

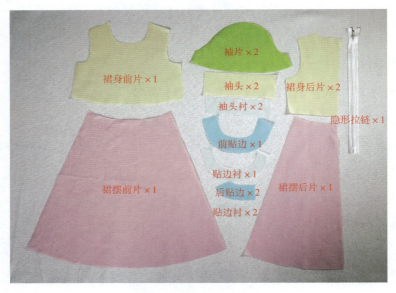

图 9-3　连衣裙裁片图

2. 辅料和工具

准备隐形拉链、纸衬、高温笔、布剪、纱剪、缝纫线、手缝针、梭芯套、锥子等。

五、连衣裙裁剪注意事项

连衣裙裁剪是否到位关系到缝制过程是否顺畅，因此要注意以下三点。

（1）检查裁片数量是否完整。

（2）检查裁片布纹线是否与面料布纹线一致。

（3）检查裁片的对位点、刀口、省位是否标注并完整。

任务二

连衣裙缝制步骤

连衣裙的缝制步骤如下：

检查、熨烫裁片→熨烫衬→熨烫实样→缉腰省→缉缝裙摆和贴边→缉缝领口和贴边→做衣袖→缝合衣袖和衣身→缝合衣身和裙身→绱隐形拉链→熨烫下摆并缉明线→完成。详细工艺与步骤见图9-4。

图 9-4

（m）拷边	（n）缝合衣身和裙身	（o）拷边
（p）缝合裙摆后中线	（q）固定贴边和拉链	（r）熨烫下摆并缉缝明线
（s）正面完成图	（t）背面完成图

图 9-4　连衣裙缝制步骤

任务三

连衣裙熨烫工艺

一、熨烫步骤

1. 熨烫领口

先熨烫领里，再熨烫领面，熨烫时借助烫架可以使衣领更加圆顺、平服，有立体感，注意熨烫时要防止止口反吐。

2. 熨烫衣袖

把袖口和袖窿放到烫架上熨烫，注意袖山褶皱不能压烫，要熏烫。

3. 熨烫拉链

拉链拉好后熨烫，防止露齿。

4. 熨烫裙身

把连衣裙放平，熨烫侧缝、腰省、底边和其他缝合部位。

二、熨烫注意事项

（1）熨烫时熨斗下面要放垫布。

（2）注意布料较厚位置的熨烫，不能出现贴边印痕及亮光。

（3）裙身部位熨烫平服，保持整洁不能有褶皱。

（4）烫衬部位不能脱胶、渗胶、起皱、起泡、粘胶。

（5）熨烫弧线、转折部位时要用烫架进行辅助。

任务四

连衣裙工艺质量标准

一、连衣裙缝制质量要求

连衣裙缝制质量要求见表9-3。

表9-3　连衣裙缝制质量要求表

序号	部位名称	质量要求
1	衣身	（1）各部位缝制平服，线迹顺直、整齐、牢固，针迹均匀，上下线松紧适宜，无跳钱、断线，起止针处及袋口须回针缲牢； （2）对称部位造型基本一致； （3）裙子侧缝顺直
2	衣领	（1）衣领平服，不反翘，领子部位明线不允许有接线； （2）衣领部位不允许跳针，其余部位30cm内不得有连续跳针或两处及以上单跳针。链式线迹不允许跳针
3	衣袖	绱袖圆顺，前后基本一致
4	口袋	袋口与袋盖方正、圆顺；袋口两端应打结
5	缝份	（1）外露缝份须包缝，各部位缝份不小于0.8cm（领、袋、门襟、止口等特殊部位除外）； （2）绲条、压条要平服，宽窄一致
6	锁眼	（1）锁眼定位准确，大小适宜，纽扣与扣眼对位，整齐牢固； （2）眼位不偏斜，锁眼针迹美观、整齐、平服
7	纽扣	（1）钉扣牢固，扣脚高低适宜，线结不外露。钉扣不得钉在单层布上（装饰扣除外），缠脚高度与扣眼厚度相适宜，缠绕三次以上（装饰扣不缠绕），收线打结须结实完整； （2）纽扣与扣眼上下要对位，四合扣牢固，上下要对位，松紧适度，无变形或过紧现象

续表

序号	部位名称	质量要求
8	门襟拉链	绱门襟拉链平服，左右高低一致。
9	熨烫	（1）各部位熨烫平服、整洁，无烫黄、水渍及亮光； （2）覆黏合衬部位不允许脱胶、渗胶、起皱、起泡、粘胶
10	其他	（1）成品中不得含有金属针或其他金属锐利物； （2）装饰物（绣花、镶嵌物等）牢固、平服

二、连衣裙成品主要部位规格尺寸允许偏差

连衣裙成品主要部位规格尺寸允许偏差见表9-4。

表9-4　成品主要部位规格尺寸允许偏差表 单位：cm

序号	部位名称		规格尺寸允许偏差
1	领围		±0.6
	衣长		±1.0
	胸围		±2.0
2	总肩宽		±0.8
3	长袖袖长	圆袖袖长	±0.8
		连肩袖袖长	±1.2
4	短袖袖长		±0.6
5	腰围		±1.5
6	裙身长		±1.5
7	连衣裙裙长		±2.0

三、连衣裙成品主要部位规格测量方法

连衣裙成品主要部位规格测量方法见表9-5。

表9-5　成品主要部位规格测量方法表

序号	部位名称	测量方法
1	领围	摊平横量领下口（特殊领口除外）
2	衣长	由前身左襟肩缝最高点垂直量至底边，或由后领中垂直量至底边
3	圆袖袖长	由袖山最高点量至袖口边中间
4	连肩袖袖长	由后领中沿袖山最高点量至袖口边中间
5	胸围	扣上纽扣（或合上拉链）后将前后身衣片摊平，沿袖座底缝水平横量（周围计算）

序号	部位名称	测量方法
6	总肩宽	由肩袖缝的交叉点摊平横量（连肩袖不量）
7	腰围	扣上裙钩（纽扣），沿腰宽中间横量（周围计算）
8	裙身长	摊平由腰上口沿侧缝垂直量至裙子底边
9	连衣裙裙长	由前身肩缝最高点垂直量至裙子底边，或由后领中垂直量至裙子底边

注　特殊款式的连衣裙尺寸测量按企业规定进行。

四、连衣裙外观质量判定依据

连衣裙外观质量判定依据见表9-6。

表9-6　连衣裙外观质量判定依据表

项目	序号	轻微缺陷	较重缺陷	严重缺陷
使用说明	1	商标不端正，明显歪斜；使用说明内容不规范	使用说明内容不正确	使用说明内容缺项
外观及缝制质量	2	—	—	使用黏合衬部位脱胶、渗胶、起皱
	3	熨烫不平服；有亮光	面料轻微烫黄；面料变色	面料变质；面料残破
	4	表面有轻微污渍；表面有三根及以上长于1cm的死线头	表面有明显污渍。面料的污渍面积大于$2cm^2$，里料的污渍面积大于$4cm^2$	表面有严重污渍，污渍面积大于$30cm^2$
	5	缝制不平服，松紧不适宜；底边不圆顺；包缝后缝份小于0.8cm	布料有明显折痕；毛、脱、漏小于等于1cm；表面部位布边针眼外露	毛、脱、漏大于1cm
	6	30cm内有两个单跳针；双轨线；吊带、串带各封结、回针不牢固	连续跳针或30cm内有两个以上单跳针	链式线迹跳针、断线
	7	锁眼、钉扣的各个封结不牢固；眼位距离不均匀，互差大于0.4cm；纽扣与扣眼位置互差大于0.2cm	眼位距离不均匀，互差大于0.6cm；纽扣与扣眼位置互差大于0.5cm（包括附件等）	—
	8	领面、领窝、驳头不平服；领外口、串口不顺直；领型不对称，缉领偏斜大于0.5cm	缉领偏斜大于等于1cm	—

项目	序号	轻微缺陷	较重缺陷	严重缺陷
外观及缝制质量	9	绱袖不圆顺，前后不适宜，两袖互差大于0.8cm（包括袖底十字缝）；袖缝、侧缝不顺直、不平服，长袖长度互差大于0.8cm；短袖长度互差大于0.6cm	两袖前后互差大于1.5cm	—
	10	袖缝不顺直，两袖长短互差大于0.8cm；两袖口大小互差大于0.4cm（双层）	—	—
	11	门襟（包括开叉）短于里襟0.3cm或长于里襟0.4cm以上；门襟不顺直、不平服；门襟搅豁大于3cm；门里襟止口反吐；裙叉不平服、不顺直，搅豁大于1.5cm	—	—
	12	肩缝不顺直、不平服；两肩宽窄不一致，互差大于0.5cm	—	—
	13	袋盖的长短、宽窄互差大于0.3cm；口袋不平服、不顺直、宽窄不一致；袋角不整齐	袋盖的长小于袋口（贴袋）0.5cm（一侧）或小于嵌线；袋布垫料毛边，无包缝	—
	14	拉链不平服，露牙不一致	拉链明显不平服	拉链缺齿，拉链锁头脱落
	15	省道不顺直、不平服，长短、位置互差大于0.5cm；细裥（含塔克线）不均匀，左、右不对称，互差大于0.5cm；打褶裥面宽窄不一致，左、右不对称	—	—
	16	腰头明显不平服、不顺直，宽窄互差大于0.3cm；止口反吐；橡筋松紧不匀；活里没有包缝	—	—
	17	装饰物不平复、不牢固；绣花处起皱，明显露印	—	绣花漏绣
	18	裙子侧缝扭曲率大于3%；裙子侧缝长短互差大于1cm	—	—
规格允许偏差	19	规格超过本标准规定50%以内	规格超过本标准规定50%及以上	规格超过本标准规定100%及以上

项目	序号	轻微缺陷	较重缺陷	严重缺陷
辅料	20	线、衬等辅料的颜色与面料不适应；钉扣线与纽扣的色泽不适应	里料、缝纫线的性能与面料不适应	纽扣、金属扣及其他附件等脱落；金属件锈蚀；上述配件在洗涤试验后出现脱落或锈蚀现象
允斜程度	21	超过本标准规定 50% 及以内	超过本标准规定 50% 以上	—
对条、对格	22	超过本标准规定 50% 及以内	超过本标准规定 50% 以上	—
图案	23	—	—	面料倒顺毛的方向；全身顺向不一致；特殊图案顺向不一致
色差	24	面料或里料的色差不符合本标准规定半级	面料或里料的色差不符合本标准规定半级以上	—
针距	25	低于本标准规定 2 针以内（含 2 针）	低于本标准规定 2 针以上	—

注　1. 以上各项缺陷按序号逐项累计计算。
　　2. 本表未涉及的缺陷可根据标准规定，参照表中相似缺陷酌情判定。
　　3. 凡属丢工、少序、错序的缺陷，均为较重缺陷。缺件为严重缺陷。

任务五

连衣裙缝制工艺实训

一、实训项目一

根据本章所学知识，并用自己的尺寸设计、裁剪并制作一件连衣裙。
工艺要求：
（1）尺寸合理，裁剪标准。
（2）缝型运用合理，缝制平服、顺直，线迹美观。
（3）成衣熨烫整洁，无亮光。
（4）尺寸允许偏差不能超过标准。

二、实训项目二

根据表 9-7 中的质量标准给自己制作的连衣裙打分，不符合质量标准的项目请把问题填写在问题描述框里。

表 9-7　连衣裙质量标准评分表

项目	序号	质量标准	问题描述	评分	备注
规格 （12 分）	1	裙长±1.5cm			
	2	腰围±1.5cm			
	3	臀围±2.0cm			
腰头 （20 分）	4	腰头平服、顺直、对称			
	5	宽窄互差小于 0.3cm			
	6	止口不反吐			
	7	正面缉线无跳针			
	8	串带宽窄一致，无歪斜			
门里襟 （10 分）	9	平服、长短一致			
	10	止口不反吐			
裙衩 （10 分）	11	平服、顺直、不反翘			
	12	门、里襟长短一致			
拉链 （10 分）	13	顺直、松紧适宜			
	14	位置准确，露牙一致			
省道、 褶裥 （12 分）	15	顺直、平服			
	16	长短、位置互差小于 0.5cm			
	17	褶裥宽窄一致，左右对称			
缝边 （8 分）	18	侧缝顺直、平服			
	19	底边平整，宽窄一致			
外观 （18 分）	20	整洁无跳针，针迹均匀			
	21	线迹顺直，无跳线、断线			
	22	各部位整洁、无粉印			
	23	起止针及袋口有回针			
	24	各部位熨烫平服、整洁，无烫黄、水渍及亮光			
	25	覆黏合衬部位不允许脱胶、渗胶、起皱、起泡、粘胶			
总分		100 分	得分		

参考文献

［1］郑淑玲．服装制作基础事典．2［M］．郑州：河南科学技术出版社，2016.

［2］中华人民共和国纺织行业标准．针织裙、裙套．FZ/T 73026-2014［S］．北京：中华人民共和国工业和信息化部，2015.

［3］中华人民共和国纺织行业标准．连衣裙、裙套．FZ/T 81004-2012［S］．北京：中华人民共和国工业和信息化部，2013.

［4］中华人民共和国纺织行业标准．单、夹服装．FZ/T 81007-2012［S］．北京：中华人民共和国工业和信息化部，2013.

［5］中华人民共和国纺织行业标准．衬衫．FZ/T 2660-2017［S］．北京：中华人民共和国工业和信息化部，2017.

［6］中华人民共和国纺织行业标准．西裤．FZ/T 2666-2017［S］．北京：中华人民共和国工业和信息化部，2018.